国家自然科学基金——情景驱动的突发性水污染事件风险传播机理研究（72371099）、湖南省自然科学基金——风险感知与风险传播协同作用下的游客安全归因研究（2023JJ30421）资助出版图书

教育部人文社会科学项目——"一带一路"沿线国家能源效率回弹效应的规模异质性与影响机制研究（21YJC630147）、湖南师范大学交叉科学研究团队项目——"行为—环境—脑—基因多视角特殊群体"交叉研究（2022JC204）成果

U0712361

风险
评价与传播：方法及应用

徐新龙　著

湖南师范大学出版社

·长沙·

图书在版编目(CIP)数据

风险评价与传播:方法及应用 / 徐新龙著.--长沙:湖南师范大学出版社,
2024.8. --ISBN 978－7－5648－5496－6

Ⅰ.X820.4

中国国家版本馆 CIP 数据核字第 2024BN9616 号

风险评价与传播:方法及应用

Fengxian Pingjia yu Chuanbo:Fangfa ji Yingyong

徐新龙　著

◇出　版　人:吴真文
◇责任编辑:吕超颖
◇责任校对:蔡兆嫛
◇出版发行:湖南师范大学出版社
　　　　　　地址/长沙市岳麓区　邮编/410081
　　　　　　电话/0731－88873071　88873070
　　　　　　网址/https://press.hunnu.edu.cn
◇经销:新华书店
◇印刷:长沙印通印刷有限公司
◇开本:710 mm×1000 mm　1/16
◇印张:15.5
◇字数:230 千字
◇版次:2024 年 8 月第 1 版
◇印次:2024 年 8 月第 1 次印刷
◇书号:ISBN 978－7－5648－5496－6
◇定价:58.00 元

前言

　　本书主要是为公共卫生、环境及安全领域负责风险评价和风险传播者编写的,但相关卫生或安全领域的其他技术和专业人员也能从中受益。本书主要侧重于定量风险评价、概率风险评价,以及向媒体和公众传达风险的基础知识,同时也简要介绍了几种定性风险评价方法,并提供了有关这些技术的建议和其他资源链接。

　　在公共和私营部门的各种组织和机构中,基于风险的决策是一个经常听到的术语。有害事件发生的概率或对危害的评价,以及对该事件的严重程度和后果的估计(即使该事件尚未发生),是应用于健康与安全、生态环境、资源分配、问责制、损失预防、不确定情景下的决策、需求评估和公众接受度等方面无数决策的基础。

　　当然,"风险"的含义对于每个专业或学科,甚至对于每个人来说,都会因其背景和以往的经验而有所不同。本书涉及家庭、职业和生态环境及紧急情况下的人类健康和安全风险。我们讨论了风险的一般类型,展示了在各种环境中计算这些风险的方法,并对结果进行了解释说明,同时借案例分析进行阐释,从而可以更有效地减少、管理或控制风险。

本书避免阐述过多的理论基础,而是为环境、健康和安全领域的人员提供了逐步实施和完成基本风险评价的方法。书中的计算和案例分析简单明了,读者对概率和指数函数有最基础的熟悉程度就能很快学习和掌握。此外,还有一节内容是关于正确使用和解释相对风险及其替代品——比值比的,它们是所有风险研究和调查领域的基本工具。

虽然其他文献也不同程度地提供了风险评价技术操作方法,但鲜有文章或著作分析公众和媒体如何看待这些风险,以及如何与对自己的健康和安全做出决定的人较好地沟通、解释和讨论评价结果这一难题。鉴于此,本书第六、七、八章介绍了如何理解风险认知并顺畅地传达风险,同时提供了大量有用的提示和建议,帮助人们为面对面、在社区会议及通过媒体渠道开展传播活动做好准备。本书总结了风险沟通方面的案例研究,对那些希望对这一重要议题进行更深入研究的人员或有助益。

本书共分为 9 章:

第一章,风险评价术语及方法。本章涉及风险术语、概率计算、定义和评价风险的一般方法及对风险方式的介绍,并根据不同目的进行了分类。此外,还介绍了相对风险和比值比的目的、应用和解释。

第二章,概率风险评价。概率风险评价(Probabilistic Risk Assessment, PRA)是一种预测和衡量事故、灾难和其他重大事件可能性的客观方法。其分析方法包括公式、概率表、维恩图等。本章重点介绍了概率树方法,并展示了相关实例及解决方案。

第三章,定量风险评价。定量风险评价也称慢性风险评价(Chronic Risk Assessment)或健康风险评价(Health Risk Assessment),它是一种系统的评价工具,用于预测和量化长期暴露于各种环境或物质中的潜在健康风险。定量风险评价程序包括:危害识别、剂量—反应评价、暴露评价、风险表征。本书展示了大量应用实例并附有解决方案,凸显了定量风险评价在实际工作中的重要性,以强调科学、系统的方法在保护公共健康和环境中的关键作用。

第四章,定性风险评价。本章探讨了定性风险评价的理论基础和应用背景,强调了其在数据不足或不确定性较大的情况下,可用于识别和分析无法量化的风险,适用于多种领域,如食品安全、环境保护和工业生产。定性风险评价方法包括:预先风险分析、失效模式效应分析、故障树分析、管理疏忽与风险树、危害与可操作性分析。通过具体案例,如化工厂操作安全分析和食品安全管理等,展示了定性风险评价在实际应用中的有效性和重要性。这些方法有助于识别潜在风险,制定防范措施,从而提高系统的安全性和可靠性。

第五章,安全风险评价。随着食品生产和销售规模的全球化,食品安全和食源性疾病的风险评价变得更加紧迫。危害分析与关键控制点(Hazard Analysis Critical Control Point, HACCP)是世界通用的食品安全预防计划,旨在确保消费者获得安全的食品供应。本章主要介绍 HACCP 计划的生产规范指导、标准操作程序和原则,包括审查危害分析与关键控制点手册,以及现场验证危害分析与关键控制点计划是否得到正确执行等。

第六章,风险传播评价。风险认知和风险沟通假定预测、估计和概率已在前几章中计算出来,剩下的任务就是向利益相关者提供信息,帮助人们做出削弱或消除这些风险的决定。这不仅面向管理层、政府、媒体,更是对公众进行风险比较和解释,还包括了解人们如何看待风险及对其健康和安全的威胁。不良的风险传播很大可能会激怒公众,导致公众对企业、政府和权威人士的不信任。

第七章,风险传播模式。IDEA(Internalization, Distribution, Explanation, Action)是一种易于使用且可根据具体情景解释的风险传播模式,可用于快速制定有效的信息传播方案,指导人们在高风险事件、危机、灾难和其他紧急情况事发之前和事发之中保护自己。该模式可用于设计大部分风险、危机或紧急情况下的信息传播与交流方案。

第八章,风险评价与传播交互的监测及预警。自然灾害是社会面临的一项日益严峻的挑战。某些地区,洪水、山体滑坡和森林火灾等自然灾害频繁发生,对公民、居住地本身及其资源构成持续威胁,有必要进行全面和创新的风险管理,实施监控机制,以保护濒危地区的人口、土地、基础设施和自然空间。因此,监测工具和预警程序是必不可少的,它们必须为风险评价、成功的风险传播提供必要的信息。

第九章,风险评价与传播展望。风险评价与传播必须不断发展,以应对现有和未来的挑战。考虑到我们生活中已经出现和即将出现的风险情景,本章探讨了现实世界正在经历的快速变化和创新,同时也考虑到了不断提高的计算能力和数据可用性,分析这些变化和创新给风险评价与传播领域带来的机遇和挑战,并讨论了一些新出现的研究方向。

最后,虽然本书已经完成,但风险评价与传播的相关研究还在蓬勃发展。也许有一天,随着风险评价与传播研究的进展,有必要对本书进行大幅修订。带着这种积极的想法,我们衷心希望本书的读者能与我们分享意见或建议。

长沙·二里半

2024 年 5 月 12 日

图目录

表目录

0 绪论

风险评价和管理大约在 40 年前被视为一个科学领域,当时形成了如何构思、评价、管理和传播风险的原则及方法。如今,这些原则和方法在很大程度上仍然是这一领域的基础,但在理论平台和实用模型与程序方面已经取得了许多进展。本章的目的是对这些进展进行回顾,特别关注这些进展所依据的基本思想和思维。这些思想和思维涉及:概念和术语,如风险、脆弱性、概率等;在风险评价中强调知识的描述和表征;风险评价中处理不确定性的方式。

0.1 研究背景

风险和风险评价的概念由来已久。早在 2400 多年前,雅典人就提出了在决策前进行风险评价的理念[1]。然而,风险评价和风险管理作为一个科学领域还很年轻,只有约 40 年的历史,1980 年代产生了第一批杂志、论文和会议成果,内容涉及如何恰当评价和管理风险的基本思想和原则[2]。

自 1980 年代以来,该领域有了长足的发展,新的、更复杂的分析方法和技术已经被开发出来,风险评价方法和手段已用于大多数社会部门。风险分析协会(Society for Risk Analysis, SRA)的专业话题涵盖了概率风险评价、定量与定性风险评价、安全生态风险评价、风险传播实践、风险暴露评价、职业健康与安全,以及网络安全与防御等话题就是一个很好的例证。近年来,该领域的基本问题也取得了通用性的长足进展,影响广泛且深远,因此特别值得关注[3]。

风险领域主要有两项任务:I 利用风险评价和风险管理来研究和处理特定活动的风险(例如核电设施的运行或投资);II 进行与概念、理论、框架、原则、方法和模型相关的通用风险研究和开发，以理解、评价、描述、传播和管理/治理风险[4]。任务Ⅱ提供了概念、评价和管理工具，可用于解决任务Ⅰ的具体评估和管理问题。简而言之，风险领域的任务是帮助我们理解世界（与风险相关），以及告诉我们应该或可以如何评价、管理这个世界。

本书重点关注风险领域的最新进展，特别关注构成一般风险研究任务Ⅱ的基本思想和理念，其主要议题有：风险分析和科学、风险概念化、风险评价中的不确定性等。本书特别关注整合思维过程，其按照定义反映了一种强大的能力——能够建设性地面对互斥观点的紧张关系，而不是牺牲另一种观点而选择其中一种观点，以一种新观点的形式创造性地解决紧张关系，这种新观点包含互斥观点的要素，但又优于每一种观点[5]。例如，风险概念化有许多不同的定义，这可以说造成了紧张关系，然而，整合性思维会激发人们寻找超越这些定义的视角——利用对立的观点来达到新的理解水平。接下来本书将指出这方面的工作，并讨论我们在风险评价研究中看到的趋势。

0.2　风险领域与科学

0.2.1　风险领域

一般风险研究任务Ⅱ在很大程度上定义了风险科学。但如果有助于提出新的见解或洞察，例如，能更好地了解如何在实践中采用特定的风险评价方法，那么任务Ⅰ类的应用也可能是科学的。然而，讨论科学和科学标准与风险和风险领域之间联系的出版物相当少。不过，之后出现了一些关于这一主题的基本讨论，这些讨论有助于澄清风险领域的内容及其科学基础[6-13]，以下是相关研究的一些要点。

我们应该区分以相关风险教育、科学研究和社会应用等为特征的风险领域（称为风险学科），以及涵盖Ⅰ和Ⅱ知识生成的风险领域。这种理解与Hansson[11]所主张的科学观点一致，即科学是一种实践，它为我们提供了在认识论上最有根据的声明，这些声明目前可用于知识学科共同体所涵盖的主题事项，即自然、作为人类的我们、我们的社会，以及物质和思想构造。

　　然而,任务Ⅰ和Ⅱ两个级别之间的区分并不严格。两者在不同程度上具有风险领域的通用性,即适用于所有类型的应用,但通用性也有很多层次。有些研究的范围可能主要涉及某些特定应用领域,或只涉及一个领域,但对这些领域的所有类型的应用仍具有基础性意义。例如,一篇论文可以论述如何以最佳方式将商业背景下的风险概念化,但在这一领域之外,研究的意义却相当有限。

　　Heckmann 等[12]概述了如何最好地将风险概念化,他们的研究符合当前风险概念化的一般趋势,例如,SRA 总结的一些问题,但不包括其他问题(如风险评价的不确定性)。因此,这种现象对所有类型的应用都是一个挑战:跨领域的知识和经验转移是很难实现的。通常而言,不同的领域开发出量身定制的概念,而这些概念与一般风险领域的发展并不同步。这表明一般风险研究需要更高的知名度和影响力。另一方面,特定领域的限制性工作往往可以激励和影响一般性的风险研究。此外,不同类型的观点之间存在张力(紧张和矛盾的关系),这可以激发综合性和开创性的想法。关于在Ⅰ和Ⅱ之间开展工作的另一个例子,见 Aven 和 Renn[13]关于政府间气候变化专门委员会(Intergovernmental Panel on Climate Change,IPCC)风险与不确定性工作基础的讨论。本书的讨论涉及具体应用,因此属于任务Ⅰ类型,但它在很大程度上基于一般风险研究任务Ⅱ。

　　接下来,我们将更详细地讨论科学与主要风险评价和风险管理活动的关系,特别是将科学作为风险决策依据的过程,讨论中的一个关键因素是"知识"概念。

0.2.2　科学、知识和决策

　　Hansson 和 Aven[6]提出了一个模型,该模型部分借鉴了 Hertz 和 Thomas[14]的观点,展示了风险决策中事实与价值之间的联系,见图 0-1。

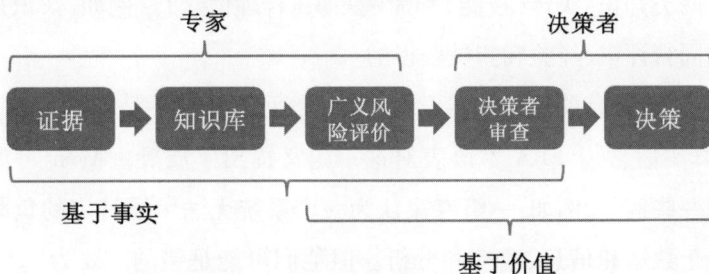

图 0-1　风险知情决策阶段模型

专家和科学家通过测试和分析收集到的有关现象的数据和信息提供了证据。这些数据和信息为知识库做出了贡献,而知识库是所有"真理"(合法的真理主张)和信念的集合,相关专家和科学家小组在该领域的进一步研究和分析中将其视为既定事实。证据和知识库没有非表观价值,只有在第三阶段才会加入这些价值,得出某项活动足够安全的结论是基于科学和价值观的判断。对知识库的解释往往相当复杂,因为它必须以一般科学知识为背景,我们可能已经对某一产品进行了广泛的测试,并对其机理进行了详细的研究,但无法排除其在 10 年甚至 20 年后可能出现的罕见故障。尽管不考虑这种可能性的决定并非毫无价值,但在实践中却不能由外行人做出决策,因为这需要我们深入了解与所研究现象的一般性知识相关的证据。

由此进入风险评价步骤,如图 0 - 1 所示。这一步要对知识库进行评估,并对调查案例所涉及的风险和不确定性做出简要判断。这种评价必须考虑决策者的价值观,而且必须仔细区分科学举证责任(将某一论断视为当前科学知识的一部分所需的证据数量)和特定决策中的实际举证责任。然而,评价与科学问题密切相关,因此必须由科学专家来进行。各种科学和技术委员会的风险评估报告都履行了这一职能。这些委员会经常在科学与政策之间的"无人地带"开展工作,因此,他们发现自己经常受到基于价值的批评也就不足为奇了。

但判断并不止于此,决策者还需要看到风险评价之外的内容,他们需要将收到的风险信息与其他来源和主题的信息结合起来。在图 0 - 1 中,我们将其称为决策者的审查和判断。这显然超出了科学领域,包括不同类型基于价值的考量,还可能包括专家评审中未涉及的与风险和安全相关的政策考量因素。

我们在上文多次提到"知识",但它在这里的含义是什么? 新的 SRA 术语表提到了两类知识:诀窍(技能)和命题知识(合理信念)。例如,知识是通过科学方法和同行评审、经验和测试获得的。

然而,在研究有关知识的科学文献时,常见的观点不是"合理信念",而是"合理的真实信念"。SRA 术语表对这一定义提出了质疑。Aven[10] 为这一观点提供了一些例子,例如:一组专家认为一个系统无法承受特定的负载。他们的观点基于数据和信息、建模和分析。但他们可能是错的。要为"真理要求"找到一个位置是很困难的。谁能事先说出什么是真相呢? 然而,专家们对现象有一定的了解,可以进行概率分配。例如,系统承受负载的概率为0.01,那么知识就被认为部分反映在概率中,部分反映在该概率所基于的背景知识中。上述科学知识的定义和图0-1模型在对知识进行"合理信念"的解释时完全可行,但在对知识进行"合理的真实信念"的解释时却行不通。

从这种观点出发,"合理"一词变得至关重要。与Hansson[11]的观点一致,"合理"指的是科学过程的结果——符合科学环境为所考虑的过程设定的某些标准。例如,在上述系统负载的情况下,这些标准与进行风险评价的方式、满足概率规则等有关。Aven[15]对此类标准进行了深入讨论,发现其基本要求是分析要扎实、合理(遵循科学工作的标准规程,如符合所有规则和假设、明确所有选择的依据等)。此外,还应符合可靠性和有效性标准,这里的可靠性是指在重复分析时,风险评价能在何种程度上得出相同的结果;有效性是指风险评价能在何种程度上描述人们试图描述的具体概念。根据这些标准,可以在不同程度上判断风险评价的结果(信念)是否"合理"。

正如Aven[15]所指出的,这种评价在很大程度上取决于所采用的风险观点。如果以"传统科学方法"为参照,以准确估计和预测为支柱,那么可靠性和有效性标准一般都会失效,尤其是在不确定性较大的情况下。早在1981年,Cumming[16]和Weinberg[17]就在Risk Analysis期刊创刊号上讨论了风险评价在满足传统科学方法要求方面存在的问题,这与风险分析协会的成立有关。然而,风险评价也可以被看作是用来代表和描述知识和知识缺失的工具,那么就需要使用其他标准来评价其可靠性和有效性。

Hansson和Aven[6]讨论了风险评价主题,他们根据这些观点列举了一些有价值的科学决策支持实例:

(1)自然、技术和社会系统及其相互作用的稳健性特征;

(2)不确定性的特征,与风险管理相关的各类知识的稳健性,以及减少其中一些不确定性和提高知识稳健性的方法;

(3)旨在发现作为风险管理基础的知识中的具体弱点或空白的调查;

(4)研究以往应对意外和不可预见事件的成败得失。

回到本章研究背景中介绍的整合思维概念,我们指出"风险评价不符合传统科学方法的标准"与"风险评价应该是支持风险决策可靠而有用的方法"这两种观点之间的矛盾。风险评价视角的转变，从缺乏知识的特征描述到准确的风险估计，可以看作是这种思想的结果。

0.3　风险概念化

0.3.1　风险定义

为确定与风险领域基本概念相关的关键术语被广泛接受的定义，现有研究已经进行了一些尝试[18,19]。一个科学领域或学科需要建立在定义明确、普遍理解的术语和概念之上。然而，经验表明，就一套统一的定义达成一致是不现实的。这就是风险分析学会(SRA)专家委员会最近20年以来开展思考过程的出发点，该思考过程形成了一个新的风险分析术语表。该术语表基于这样一种理念，即仍有可能建立权威定义，关键是允许从不同角度看待基本概念，并对整体定性定义及其相关测量加以区分。在此，我们将重点关注风险概念，但词汇表也涵盖了相关术语，如概率、脆弱性、稳健性和韧性。允许不同的观点并不意味着术语表中包含所有文献中能找到的定义，而是所包含的定义必须符合一些基本标准——合理，如符合逻辑、定义明确、易于理解等。

以下，我们总结了SRA术语表中的风险定义概念：考虑一种未来的活动(广义上也包括自然现象等)，例如一个系统的运行，并根据这种活动对人类所珍视的东西造成的后果来定义风险。这些后果通常与某些参考值(计划值、目标等)相关联，且至少有一种结果被认为是负面或不理想的。对风险的总体定性定义如下：

(1)不幸发生的可能性。

(2)某一事件可能带来的不必要的负面后果。

(3)面临不确定的情况(如发生损失)。

(4)活动的后果及相关的不确定性。

(5)某项活动对人类所珍视的东西造成的后果的不确定性和严重性。

(6)活动的某些特定后果的发生概率及相关的不确定性。

（7）与参考值的偏差及相关的不确定性。

这些定义表达了基本相同的思想，在事件和后果中增加了不确定性因素。国际标准化组织将风险定义为不确定性对目标的影响（ISO 31000:2018）。对这一定义可以有不同的解释，如上述定义的特例（4）或（7）。为描述或衡量风险、判断风险的大小。接下来本书介绍了各种衡量标准及风险矩阵。

0.3.2　风险矩阵与案例描述

为度量风险，现有研究提出了各种风险矩阵和描述：

（1）概率与后果的严重程度相结合。

（2）三元组(s_i, p_i, c_i)，其中s_i是第i种假设情况，p_i是该种假设情况的概率，c_i是该假设情况的后果，$i = 1, 2, 3, \cdots, n$。

（3）三元组(C', Q, K)，其中C'是一些指定的后果，Q是与C'相关的不确定性度量（通常是概率），K是支持C'和Q的背景知识（包括对该知识强度的判断）。

（4）预期后果（损害、损失），例如通过计算得出以下结果。

①特定时间内的预期死亡人数或单位暴露时间内的预期死亡人数；

②危险发生的概率与相关物体暴露在危险中概率的乘积，以及危险发生和物体暴露在危险中的预期损害（最后一项是脆弱性指标）；

③预期效用。

（5）损害的可能性分布。

这些衡量标准和描述是否合适取决于具体情况。这些例子都不能被视为风险本身，度量和描述的适当性总是会受到质疑。例如，预期后果可以为大量人群和个体风险提供信息，但在其他情况下则不适用。对于特定的决策情况，必须确定一套选定的衡量标准，以满足决策支持的需要。

为说明这一思路，以核电站设施潜在事故相关人员风险为例。如果按照Aven[20]的建议对该风险进行定义，风险包含两个方面：（1）操作的后果，包括事件A（如气体泄漏和井喷）及其对人类生命和健康的影响C；（2）不确定性U（我们现在不知道会发生哪些事件以及会产生什么影响）。我们面临的风险可表示为(A, C, U)。为了描述风险，正如我们在风险评价中所做的那样，一般来说,我们要使用上文定义的三元组(C', Q, K)。例如,我们可以选择关注死亡人数,那么 C' 就等于这个数字,在进行分析时,这个数字是未知的,因此我们使用一种度量来表示不确定性。概率是最常用的工具,但也有其他工具,包括不精确(区间)概率、基于可能性理论和证据理论的表示方法,以及定性方法。Aven[21] 全面概述了不同类别的风险定义,并从历史和发展趋势的角度进行了分析,可将其视为 SRA 术语表的基础。

我们理解和描述风险的方式极大地影响着分析风险的方式,由此可能会对风险管理和决策产生严重影响。因此,目前的一些观点需要被淘汰,在许多情况下,它们会误导决策者,最好的例子就是把预期损失作为风险的一般概念。以不确定性为基础的风险视角表明[20],我们还应避免纯粹基于概率的视角,因为这些视角并没有充分揭示不确定性;从整体定性风险概念出发,我们应该意识到任何工具的使用总是有局限性的,这些局限性必须得到应有的重视。通过这种区分可以更容易地找到整体概念与工具之间的缺失,如果没有一个适当的框架来明确整体风险概念与如何衡量风险之间的区别,就很难知道应该寻找什么概念框架并对这些工具进行改进[21]。

风险概念涉及所有领域,无论是金融、安全工程、卫生、运输、安保还是供应链管理,其含义是所有领域都关注的话题。有些领域似乎很早就找到了答案,例如核工业,30 多年来一直采用 Kaplan 和 Garrick[22] 的定义(三重情景、后果和概率);另一些领域则承认需要进一步发展,例如供应链领域,Heckmann 等[12] 指出在理解供应链风险概念的含义方面缺乏清晰度,并寻求解决方案。他们提出了一个新的定义:"供应链风险是供应链在其效率和效益目标值方面的潜在损失,这种损失是由供应链特征的不确定发展引起的,而供应链特征的变化是由触发事件的发生引起的。"并强调:"供应链风险管理领域的真正挑战仍然是供应链风险的量化和建模。迄今为止,供应链风险管理还缺乏明确而适当的、尊重现代供应链特征的供应链风险量化措施。"

我们看到的供应链风险定义结构类似于 SRA 术语表的结构,有一个广泛的定性概念和描述风险的指标。供应链风险只是一个例子,用来说明与风险有关的广泛应用。尽管所有领域都有特殊需求,但它们都面临着上文 SRA 术语表风险定义中设定的风险,没有必要为每一种新型应用创造特殊定义。

0.4　风险评价的不确定性

如 0.3 节所示,不确定性是风险概念化和风险评价中的一个关键概念。从二十世纪七八十年代风险评价的早期阶段到今天,如何理解和处理不确定性已经在文献中得到了广泛的讨论,这个话题至今仍是一个核心问题。Flage 等[23]创新地阐述了在风险评价中表达不确定性的问题、挑战和发展方向的观点。概率分析是用于处理风险分析中不确定性的主要方法,既包括先验不确定性(代表变化),也包括认识不确定性(由于缺乏知识)。对于已知的不确定性,人们普遍同意使用具有限制性相对频率解释的概率。然而,对于如何表达认识上的不确定性,答案就没那么简单了。贝叶斯主观概率方法是最常见的方法,但学界也提出了许多替代方法,包括区间概率、可能性度量和定性方法[24,25]。

当前学界提出的主要问题之一:主观概率在什么时候不能适用? 经常出现的论点是,如果背景知识相当薄弱,那么就很难或不可能确定一个具有一定可信度的主观概率。然而,主观概率总是可以给出的。问题在于,特定概率被认为代表了比合理信念更强的知识。例如,概率赋值者对一个变量 x 除以下内容外一无所知:x 位于区间 $[0,1]$,x 的最可能值是 $\frac{1}{2}$。仅凭这些知识,我们无法表示具体的概率分布,只能使用可能性理论,指定一种概率分布意味着需要添加一些不可用的信息,这将导致其被引向概率分布的边界。Aven[26] 从另一个角度对这一问题进行了补充,关键在于不仅要表示现有的知识,还要使用概率来表达专家的理念,虽然这些理念是主观的,但它们仍能为决策提供支持。从这个角度看,这并不是非此即彼的问题,概率和其他方法是相辅相成的。

本文认为,可能性理论和证据理论等非概率方法的倡导者往往缺乏对主观概率概念的理解,其解释往往与博彩有关,而博彩解释是有争议的[27]。关于为何应避免这种解释而代之以直接比较法的论点,一种解释如下:概率 $P(A) = 0.1$ 意味着评价者将事件 A 发生的不确定性对标于从包含 10 个球的瓮中随机抽取一个特定球的概率。如果使用主观概率来表达不确定性,我们还需要思考支持概率的知识。试想在决策过程中，一些风险分析师会得出一些概率风险度量——在一种情况下，背景知识很强，而在另一种情况下，背景知识较弱，但概率和度量是相同的。为了应对这一挑战，我们可以寻找其他方法，如可能性理论和证据理论，但也可以换一种思路，尝试定性地表达这些知识的强度，为决策者提供信息。例如，度量标准涉及所做假设的合理性和可靠性、相关数据/信息的数量、专家之间的一致意见，以及对相关现象的理解等方面。

对于建立在可能性理论和证据理论等基础上的区间概率，考虑背景知识及其强度也是有意义的。通常情况下，区间概率的背景知识比具体概率赋值的背景知识更强，但从传达赋值专家判断的意义上来说，它们的信息量较小。正如SRA 所指，如今许多研究人员在使用非概率表示不确定性方面比以前更加宽松。其基本思想是，概率被认为是主要工具，但当可信概率不容易确定或达成一致时，也可以使用其他方法。对于以巨大和"深度"不确定性为特征的情况，人们似乎普遍认为有必要超越概率。如上所述，这并不一定意味着要使用可能性理论或证据理论，概率与定性方法的结合代表了另一种有趣的研究方向。我们再次看到了整合思维的元素，利用不同视角之间的张力（Tension）来表现和表达不确定性，从而获得新的、适用更广泛的、希望是更好的东西。

此外，模型在风险评价中也发挥着重要作用[28-31]，多年以来，人们对模型的不确定性问题给予了相当大的关注。然而，风险领域对这一概念的含义一直不够明确。模型的不确定性应解释为模型误差的不确定性，其定义为 $g(x) - y$，其中 y 是要评估的量，$g(x)$ 是具有某些参数 x 的 y 模型。然后可以使用不同的方法来评价这种不确定性，包括主观概率。

0.5　小结

风险评价和风险管理已成为一个科学领域，其基本原则、理论和方法在快速发展中，为支持实践中的决策做出了重要贡献。本章的重点是风险评价最近的工作和进展，涵盖了风险领域所依据的基本思想和思维。目前的研究主要集中在以下几个方面：

(1)在某些问题上,风险评价和风险管理的科学基础仍然有些不稳固,因为理论工作和实践依赖于可能严重误导决策者的观点和原则。例如,将风险视为预期值或概率分布的一般概念。

(2)近年来,现有文献已经进行了一些综合研究的尝试,为风险的概念化、评价和管理开拓了更广阔的视角。这种研究方式对于风险领域的发展和领域内强有力的统一科学平台的建立至关重要,这些综合研究中的观点涉及:

①风险、脆弱性、概率等概念和术语;

②在风险评价中强调知识和缺乏知识的描述和特征描述;

③风险评价中处理不确定性的方式;

④承认风险管理中的管理审查和判断。

(3)人们对风险评价和管理基础性问题的兴趣与日俱增,这是鼓舞人心的,也是应对风险领域目前面临的挑战所必需的,这些挑战与社会问题,以及复杂的技术,和新出现的风险有关。

1 风险评价术语及方法

　　我们首先介绍风险评价的含义、术语、范围、定义和类别。风险分析中的许多测量方法和结果都是以概率的形式呈现的，为此，我们将对概率的计算方法进行回顾，以便健康和安全专业人员能够恰当地利用现有数据估计事件发生的概率，或者其他不幸结果的概率。虽然这些方法通常使用纸牌、硬币和骰子进行阐释，但读者会发现在本章结束时，这些方法已经沉浸在实际应用中了。由于相对风险及其替代品比值比在所有研究和评价领域的应用无处不在，因此本章对这些重要的测量方法进行了全面的回顾。

1.1 风险评价范围及定义

1.1.1 风险评价范围

　　在发生突发事故或"差点发生"的事件后，要进行总结和分析，确定并评估直接或间接的诱发因素和每个因素所起的作用，这就是案例研究史。虽然它肯定会为未来的风险评价提供宝贵的数据和洞见，但案例史研究的是已经发生的事情，而风险评价的目的是预测尚未发生的事件的可能性和严重程度[32]。

　　读者可能在统计工作中接触过概率概念，也可能熟悉分析后的声明，如"$P > 0.05$ 或 $P < 0.001$"，或涉及机会或概率的术语。通过本章，我们将更加熟悉概率在风险衡量中的应用，因为我们是在估算尚未发生的结果或事件，并估算其发生的可能性或概率，同时预测其发生后的后果。

　　至于风险评价在人类健康和安全方面的重要性和地位，我们注意到近年来在预测、测量、预防或减轻事故、泄漏、环境破坏、伤害等意外事件所面临的压力越来越大。可用资源的减少、资金竞争的加剧,以及公众对安全的要求、对支出和未来规划的问责,所有这些需求都提高了风险评价的地位。在医疗保健、公共卫生、职业健康与安全领域,"基于风险"的前缀越来越多地应用于业务部门、机构和组织的决策过程[33,34]。本书旨在让大家进一步熟悉各种评价方法,并展示一系列工具技术。不过,首先要谈谈风险评价与风险管理之间的关系。

风险评价涉及收集数据和分析有关风险的科学证据,而风险管理则通常涉及监管决定、规划和实施降低或补救风险的活动、资源分配、政策制定,以及有关适当降低风险措施的程度和优先次序的抉择。风险评价和风险管理之间一般保持"概念上的区别",理由是风险评价随后用于风险管理决策和选择,不应受到资源问题、政治或政策权宜之计及管理决策者偏好的不当影响[35]。

国际标准化组织以《ISO 31000:2018 风险管理指南》的形式提供了宝贵的风险管理资源。该指南提供了一套国际通用的风险管理原则和基于最佳实践的目标实现框架[36],任何规模或工业部门的组织都可以采用和实施,其目的是增加实现目标的可能性,提高识别机遇、障碍和威胁的概率,并利用资源更有效地控制风险。ISO 31000 具有独立地位,它可以用来指导内部和外部的风险审核计划,通过 ISO 31000 认证的组织可以将其风险管理实践与国际规范进行对比。

尽管风险评价和风险管理之间存在一定的差距,但在后面章节的风险特征描述步骤中包含了降低通过空气、水或食物长期摄入所产生的健康风险的风险管理方案。此外,风险传播也是风险管理和风险评价的重要组成部分。

1.1.2 风险评价定义

风险的语言因应用和学科而异[37]。对于医生、工程师、流行病学家、保险公司、股票经纪人或职业卫生专家来说,"风险"的含义和应用是不同的。而在专家与大众之间,"风险"的含义甚至在更重要的方面存在差异。从通俗意义上讲,"风险"就是可能出现的不利结果,如遭受伤害或损失,任何工作或事件都可能存在"风险"因素,风险无处不在。如果我们要衡量、比较风险,风险评价的技术性定义就会呈现,如式(1.1):

风险(Risk) = 概率(Probability) × 严重程度(Magnitude)

$$R = P \times M \tag{1.1}$$

当然,危害、伤害或损失必须有明确的定义,其可能发生的时间间隔也必须有明确的定义(例如,每年的死亡人数、每月的受伤人数或每年因事故损失的人数)。表1-1展示了应用风险评价公式的方法,对不同严重程度(如误工天数)的假定伤害及发生这些伤害的可能性(概率)进行比较:背部受伤导致的平均误工天数为15天,但在所测量的任何一年中发生在特定工人身上的受伤概率仅为10%;肩部受伤通常只导致5天的工作损失,但每名工人5年内受伤的可能性为1次(一名工人每年受伤的可能性为0.2);手部受伤则更为常见(一年中人均发生的概率为0.5),平均每次造成3天的损失。

表1-1 应用风险评价公式比较受伤风险

受伤类别	年人均受伤概率	结果的严重性 (人均因伤误工天数)	风险 (年人均因伤误工天数估算)
背伤	0.1	15	1.5
肩伤	0.2	5	1.0
手伤	0.5	3	1.5

注:背伤和手伤的人均年风险相似(1.5天/年),但肩伤的人均年风险较低(1.0天/年)

工伤的严重程度(其"严重程度",在此定义为损失的工作天数)乘以该类型工伤的年概率。值得注意的是,如果使用得当,这些单位都应"平衡"(即单位被抵消掉),因此,强烈建议所有此类计算都采用这种方法,如例式(1.2)所示:

$$\frac{5 days}{injury} \times \frac{0.20\ injury}{year} = \frac{1.0 days}{year} \tag{1.2}$$

现实生活中,对"这种食品添加剂会让我得癌症吗"或者"这种桥梁安全吗"等问题,大多数人希望得到一个简单、确切的答案,但我们不能以"是/否"的形式来回答这些问题,因为即使是最安全的桥梁也有坍塌的可能性,或者反过来说,接触已知的致癌物质可能永远不会导致伤害或癌症(这就是致癌接触与非致癌毒物接触之间的区别之一)。如果一个成年人摄入400毫克氰化钠,我们会认为这在任何情况下都是致命剂量。但是,有人一生中每天吸25支烟,却以某种方式避免了肺癌的发生。表1-2从另一个角度说明了风险评价公式

$(R = P \times M)$的应用。

表 1 – 2　死亡风险对比

分析风险：对社区的两种电力来源进行比较
● 社区附近液化天然气发电厂的主储存容器估计每 40 年会有一次爆炸的风险，预计会有 20 人因此而死亡。
● 燃煤发电厂每年直接导致 2 人死于空气污染引起的肺气肿、支气管炎和癌症。
Q：哪一个事件的年风险更大？
A：比较每年的死亡风险，液化天然气设施在 40 年内造成 20 人死亡，相当于 20 人/40 年，即每年造成 0.5 人死亡。与此同时，煤炭发电厂每年造成 2 人死亡，因此它的年风险实际上是液化天然气设施的 4 倍。

通过测量相关因素，我们可以估计癌症死亡的可能性有多大，或者桥梁垮塌的可能性有多大。为此，我们需要熟悉概率的测量和表达——"该事件发生的可能性或概率是多少？需要注意的是，概率总是用 0 到 1 之间的数值来表示，而风险则通常用"实际"测量值来表示（例如，预测的"事件""伤害""事故""死亡""损失天数"等）。

1.2　风险的分类

1.2.1　增量风险与背景风险

通过这种风险分类方法，我们可以估算出特定活动、风险暴露或职业造成的伤亡率，并将这种风险与每个人共同承担的常见背景风险进行比较。例如，记录可能会告诉我们，消防员患肺气肿的时间比非消防员晚，发病率比非消防员高。我们可以很容易地比较消防员和普通市民（非消防员）的肺气肿发病率。但我们必须认识到，虽然消防员的肺气肿发病率高于普通人，但他们的风险并不都是由职业暴露造成的。这是因为消防员也是公众成员，他们不仅承担着公众的背景风险，还承担着因职业暴露而产生的额外（增量）风险。因此，消防员的总风险就是他们的背景风险加上工作带来的增量风险，两者之间的关系计算如式(1.3)所示：

$$总风险 = 背景风险 + 增量风险 \qquad (1.3)$$

表 1 - 3　寻找增量风险

风险分析：
假设木甲醇行业的工人一生中患某种癌症的概率平均为千分之三(3×10^{-3})，又假设在整个人口中，平均每 1 万人中有 2 人死于这种癌症(2.0×10^{-4})。估算工人仅因工作场所暴露而面临的风险(增量风险)。

　　表 1 -3 展示了一个利用化学工人的风险进行此类计算的事件，这些化学工人的总风险(3×10^{-3})是他们作为公民的背景风险(2.0×10^{-4})与他们的增量风险(由于他们的工作暴露)之和。如式(1.4)所示，通过式(1.3)换算，我们可以得出增量风险：

$$增量风险 = 总风险(30 \times 10^{-4}) - 背景风险(2 \times 10^{-4}) = 28 \times 10^{-4} \quad (1.4)$$

　　其暴露造成的增量风险就是总风险与背景风险之间的差值。值得注意的是，如果我们使用相同的指数，从总风险中减去背景风险会更容易(如 3×10^{-3} 也可以理解为 30×10^{-4})。

　　因此，本例中的增量风险为 28‰，解释如下：工人面临的风险是普通人群的 15 倍(30‰ *vs.* 2‰)，但他们在工作场所面临的特定风险是普通人群的 14 倍(28‰ *vs.* 2‰)，这个例子说明了用词清晰准确的重要性。

1.2.2　灾难风险与慢性风险

　　灾难风险是指经过计算的有害或伤害事件发生的概率，无论该事件目前是否已经发生。例如，列车在特定轨道脱轨的可能性、核反应堆安全壳破裂的可能性或一组阀门失灵导致有毒物质泄漏的可能性等。

　　另一方面，慢性风险是指长期(通常是终生)接触低剂量的潜在有害物质而遭受长期不利影响的估计概率。通常情况下，这些接触是通过空气传播，摄入食物、水或药品，或通过皮肤。结果可能是死亡、疾病或生殖(先天或生育)异常。例如，如果一名石油精炼厂工人在 30 年内每天工作 8 小时，工厂空气中苯的浓度为 4 毫克/立方米，那么他患癌症死亡的风险就是 4 毫克/立方米。

1.2.3 风险与危害

风险(Risk)和危害(Hazard)这两个词经常交替使用[38],这两个词的应用程度各不相同,但为了避免混淆,我们把风险(定量)定义为危害发生的概率与危害发生时的严重程度的乘积($R = P \times M$)。

危害可以描述为物质或设备产生伤害的可能性。"危害"有时被认为是一个描述性术语,与"危险"同义,仅指场所、过程或材料造成伤害的内在能力,即风险的来源。在本书后面的章节中,我们将对风险进行"重新定义",以提出公民用来评价风险的一些非技术参数和启发式方法。需要注意的是,"危害"一词在风险感知讨论中的用法略有不同。

1.3 风险评价方法

如果不讨论用于比较风险的两种最常见的衡量标准:相对风险(Relative Risk, RR)及比值比(Odds Ratio, OR),那么评价"风险"的"工具箱"就不完整。

1.3.1 相对风险(Relative Risk, RR)

相对风险,又称风险比,出现在场域计算、研究项目、随机对照试验和流行病学调查中。RR 值说明,如果某人属于一个暴露组,那么与另一个对照组相比,某人经历结果(无论是好是坏)的可能性有多大。这种方法需要暴露组(I_e)和非暴露对照组(I_o)的真实发病率,并利用式(1.5)进行计算:

$$RR = \frac{I_e}{I_o} \tag{1.5}$$

发病率的分子是最终出现结果的人数,其结果可能是死亡、症状加剧、好转或康复,分母则是在结果发生前该群体中原本健康的人数。例如,从1950年开始,流行病学家 Doll 等人[39,40]对吸烟与肺癌之间的关系进行了一系列回顾性和前瞻性调查,并持续跟踪了几十年,表1-4显示的统计数据在表述上做了很大简化,但两者之间的关系是准确的。从 30 000 名吸烟者和 60 000 名非吸烟者的记录开始,分别统计每个群体肺癌诊断的人数,就可以计算出每个群体的年发病率,从而得出相对风险。

表1-4　吸烟相对风险

	每年确诊肺癌人数	每年未确诊肺癌人数	总计
吸烟者(暴露组)	39	29961	30000
非吸烟者(对照组)	6	59994	60000
总计	45	89955	90000

表1-4中,暴露组的(年)发病率(I_e)=39例/30000人,即0.0013例/年;非暴露(对照)组的(年)发病率(I_o)=6例/60000人,即0.0001例/年。则相对风险计算如式(1.6)所示:

$$RR = \frac{I_e}{I_o} = \frac{0.0013}{0.0001} = 13 \tag{1.6}$$

关于相对风险的解读,可以用"吸烟者罹患肺癌的风险是非吸烟者的13倍"来解释。因此,相对风险也是自变量(这里指吸烟,分为是/否)与因变量(肺癌诊断年发病率,分为是/否)之间关联强度(Strength-of-Association, SoA)的一种评价方法。当两组的发病率相似时,RR值接近1,这可以解释为变量之间"无关联"或"无关系"。当RR值不等于1时,我们认为变量之间确实存在关系,这种关系的"方向"取决于RR值,在表1-4中,吸烟者的肺癌发病率明显高于非吸烟者。

第二个例子是对新生儿腹泻疾病与喂养方式之间关系的研究结果。如表1-5所示,在一个发展中国家,将母乳喂养的健康新生儿($n=120$)与瓶装配方奶喂养的健康新生儿($n=142$)进行了比较,并观察记录了他们的腹泻发病率。

表1-5　腹泻相对风险

	有腹泻病(人)	无腹泻病(人)	总计(人)
母乳喂养婴儿	7	113	120
非母乳喂养婴儿	18	124	142
总计	25	237	262

这样,我们就可以计算出真实发病率为 $RR = (7/120)/(18/142) \approx 0.4602$。由于0.4602并不接近1,我们可以认为两者之间存在某种关系,而仔细观察发病率可以发现,母乳喂养的婴儿($7/120 \approx 0.0583$)比奶瓶喂养的婴儿

($18/142 \approx 0.1268$)面临的风险要小。

在解释表1-5的结果时,我们可以说母乳喂养婴儿患腹泻病的风险不到奶瓶喂养婴儿的一半(46%)。但是,在这种情景下,如果把风险较大的婴儿列为相对风险的分子,可能会对读者更有帮助。表1-6中显示了相同的数据,但行列对调,将增加的风险显示为高值,这样就更容易识别和评价与其他暴露相比,该暴露的风险有多大。

表1-6 腹泻相对风险(反转)

	有腹泻病(人)	无腹泻病(人)	总计(人)
非母乳喂养婴儿	18	124	142
母乳喂养婴儿	7	113	120
总计	25	237	262

无论哪种情况,我们都必须向读者清楚地解释影响的"方向":哪种暴露是有害的? 哪种暴露具有保护作用? 在表1-6中,其相对风险计算如式(1.7)所示:

$$RR = \frac{(18/142)}{(7/120)} \approx 2.1730 \tag{1.7}$$

这一结果清楚地表明,奶瓶喂养是危害更大的暴露(风险增加),而母乳喂养则是"保护性"暴露。现实情景中,不需要重制表格,我们只需将初始 RR 值反转(用1除以 RR 值,得出 $1/0.4602 \approx 2.1730$),然后总结:与母乳喂养的婴儿相比,奶瓶喂养的婴儿患腹泻的风险增加了两倍多。

我们如何知道我们是否拥有真实的发病率数据? 前面的例子显然以142个风险暴露对象和120个健康对比对象为分母,以每个组随后报告的疾病或伤害病例为分子(18和7),从而得出有效的发病率。

另外,如表1-7所示,将一起疑似化学伤害事故中的33名受伤工人(暴露)与28名未受伤工人(对照)进行了比较。

表1-7 相对风险计算失灵情景

	患病/受伤(暴露)	未患病/未受伤(对照)	总计
暴露于化学品	28	8	36
未暴露于化学品	5	20	25
总计	33	28	61

调查人员从结果(患病和未患病)入手,逆向比较每个结果的暴露情况,这

通常被称为病例对照研究，由于没有发病率，相对风险通常是无效的。为什么没有发病率？右边的总数不是任何发病率的分母，36 人中没有 28 人患病，研究不是这样进行的。

最初的组别是"患病"组（33 人，暴露）和"未患病"组（28 人，对照），这些是纵向计算的"暴露率"的分母。例如，28/36 是没有意义的，但我们可以确认，在 33 个病例中，有 28 个（85%）暴露于化学品，而在 28 个对照组中，只有 8 个（29%）暴露于化学品，这不是发病率，而是暴露率。

没有真实的发病率，我们就无法计算相对风险，但在这种情景下有一种替代方法可以计算风险——比值比（Odds Ratio，OR），这种方法常用于病例对照研究或其他无法获得发病率的研究。表 1 - 8（A）和（B）展示了另一对需要做出选择的情况：应用 RR 还是 OR？

表 1 - 8　相对风险和比值比的应用选择

在一个夏令营的190名儿童中，有140人喝井水，另外50人喝瓶装水。喝井水的儿童中有80人（57.1%）患病，而喝瓶装水的50人中有14人（28.0%）患病。因此，我们得出了两组的发病率，RR 值为 0.5714/0.2800≈2.0407。	（暴露）	结果		总计
		患病	未患病	
	井水	80	60	140
	瓶装水	14	36	50

（A）

在24名患有皮炎的护士（暴露组）中，18人使用过乳胶手套。在同一病房28名未患皮炎的护士（对照组）中，9人使用过乳胶手套。我们没有暴露组的发病率，因此不适合使用 RR，而必须使用 Odds Ratio。	（暴露）	皮炎	非皮炎
	乳胶手套	18	9
	其他手套	6	19
	总计	24	28

（B）

注：箭头表示对各组进行分析的方向

1.3.2　比值比（Odds Ratio，OR）

表 1 - 8（A）中对研究的描述表明可以获得发病率，因此使用 RR 是合适的。将其与表 1 - 8（B）的设计进行比较，在（B）中，我们无法获得发病率，我们只有患病和未患病人群的少量样本。因此，这里使用比值比（OR）作为 RR 的

估计值。在这种情景下,我们不是从每个暴露组的总人数开始,而是收集一个"患病"者样本和另一个"未患病"者样本,但不假设他们的比例具有代表性。

进一步,让我们仔细看看医院员工中暴发的皮炎,如表 1-9 所示,24 名员工出现皮炎(暴露组),怀疑是乳胶手套引起的。我们选取了医院同一区域未患皮炎的员工样本($n = 28$)作为对比(对照组)。请注意,我们显然没有发病率数据,因此我们并没有从 18 + 9 = 27 名"暴露者"或 6 + 19 = 25 名"非暴露者"开始,相反,我们从 24 名患病员工(即暴露组)和 28 名未患病员工(即对照组)开始,逆向记录暴露情况。如表 1-9 所示,2×2 表格中的单元格标注为(a)至(d),比值比计算公式为式(1.8):

$$OR = (a \times d)/(b \times c) = (18 \times 19)/(9 \times 6) = 342/54 \approx 6.33 \qquad (1.8)$$

表 1-9 比值比的应用

	皮炎			非皮炎	
乳胶手套	**18**	(a)	(b)	9	27
其他手套	6	(c)	(d)	**19**	25
总计	24			28	52

对于比值比的解读,OR 值非常接近 1 意味着"没有关联",而任何其他值(大于或小于 1)都表明存在某种关联(本书测试的不是统计意义,只是关联的强度)。6.33 的 OR 值意味着变量的关系需要一个方向,无论表格是如何构建的,只要我们先确定单元格的"优势配对",就很容易确定方向。如表 1-9 所示,$(a \times d) = 18 \times 19 = 342 > (b \times c) = 6 \times 9 = 54$,即 $(a \times d)/(b \times c) > 1$,因此(a)和(d)单元格相乘后成为"占优势"的一对单元格(如表中粗体所示)。现在看看这些单元格的标签:(a)单元格位于"乳胶手套"行和"皮炎"列;(d)单元格位于"其他手套"行和"无皮炎"列。因此,使用乳胶手套与皮炎的关联度更高,而其他手套与无皮炎的关联度更高,现在我们知道了两者关系的方向。

表 1-9 变量关系的强度如何? 这可以从 OR 本身的数值中找到答案。在本例中,数值为 6.33,我们可以总结为戴手套的类型与皮炎之间存在关系。皮炎患者使用乳胶手套的概率是其他手套的 6 倍多。请注意,由于比值比是在没有发病率数据的情况下使用的,因此,"如果使用乳胶手套,患皮炎的风险是其

他手套的 6.33 倍"这一论断在技术上是无效的。因此,应从结果的角度进行解释:如果你有皮炎,你使用乳胶手套的可能性是使用其他手套的 6.33 倍。

因此,与相对风险类似,比值比具有 3 个有用的信息:

(1)当 $OR \neq 1$ 时,这些变量之间存在关联。

(2)从"优势配对"看关联的方向——在本例中,暴露组使用乳胶手套的可能性大于其他手套,因为 $(a \times d) > (b \times c)$。

(3)这种关联的强度就是 OR 值本身——在本例中,患有皮炎的人使用乳胶手套的可能性是使用其他手套的 6.33 倍。

当 OR 值小于 1 时,如表 1 - 10 所示,其情况略有不同。OR 值为 0.55,因此优势配对为 $(b \times c)$。b 单元格显然将"暴露"(行)和"健康者"(列)联系起来,c 单元格将"非暴露"(行)和"患病者"(列)联系起来,给出了明确的关联方向:这种暴露是保护性的,例如治疗性处理或抗菌剂。重要的是,一定要从占主导地位的一对单元格中确定方向,而不是单个单元格值。例如,最大的单元格值是 (a),但 $(a \times d)$ 的乘积并不占优势地位。

表 1 - 10 当 OR 值小于 1 时的应用

	患病者(人)		健康者(人)		
暴露	130	(a)	(b)	<u>105</u>	235
非暴露	90	(c)	(d)	40	130
总计	220			145	365

在表 1 - 10 中,其关联强度或关系强度是比值比本身的值,小于 1:

$$OR = (a \times d)/(b \times c) = (130 \times 40)/(105 \times 90) \approx 0.55$$

这可以解释为:暴露具有保护作用,与健康者相比,患病的人只有 55% 的可能性接触到病毒。相反,对总计数据更有用、更直观的方法可能是将重点放在健康人群暴露概率的增加上。我们可以通过倒转表格或倒转 OR 值($1/0.55 \approx 1.82$)来做到这一点,在这种情景下,我们可以解释如下:与患病者相比,健康者暴露的可能性是患病者的 1.82 倍(几乎 2 倍)。因此,这种暴露具有保护作用。值得注意的是,此时不能暗示统计显著性,因为在这个例子中没有对统计显著性进行检验。

1.3.3 相对风险与比值比的缺陷

由上述例子可知,*RR* 和 *OR* 值都是比值。换言之,其结果取决于单元格数值之间的比值,而不是它们的绝对值。因此,当单元格数值较小时,它们并不可靠。统计软件计算时,通常会包含置信区间(Confidence Interval, CI)。如果置信区间的范围包含 1.0,我们认为如果尚未进行显著性检验(如秩和检验),就无法声称统计结果具有显著性。

表 1 - 11　置信区间随 N 增加而减小

A	患病	健康	总计	B	患病	健康	总计	C	患病	健康	总计
暴露	4	5	9		40	50	90		400	500	900
非暴露	6	10	16		60	100	160		600	1000	1600
	10	15	25		100	150	250		1000	1500	2500
OR		1.333		OR		1.333		OR		1.333	
$CI_{95\%}$		0.254 ~ 7.007		$CI_{95\%}$		0.789 ~ 2.253		$CI_{95\%}$		1.129 ~ 1.574	

如表 1 - 11 所示,Panel A 和 B 的单元格值较小,在置信区间中包含 1.0,因此不存在统计显著性的可能。Panel C 的单元格值较大,其置信区间中不包含 1.0,如果对其进行检验,则可能具有统计学意义(这些例子引用的是 OR,但对 RR 的解释是相同的)。

大多数统计参数(如平均值、回归系数、比值比等)的计算通常都包括该值周围的置信区间。例如,从大量正态分布人口中随机抽取样本值的算术平均数可以表示为 $\bar{x} = 4.200$($CI_{95\%}$:3.000 ~ 5.400),其解释如下:总体均值未知,然而,样本的平均值($\bar{x}$)是 4.200,我们可以有 95% 的把握认为总体平均值介于 3.000 和 5.400 之间(这些也称为置信域)。

就 OR 的置信区间而言,请注意,OR 为 1.0 表示暴露与结果之间没有关联。因此,如果 95% 的置信区间包括 1.0,那么"没有关联"的情景就在比值比 95% 的概率范围内。这将使该关系在任何水平上都不具有统计学意义。在表 1 - 11 中,Panel A 和 B 不具统计学意义,如果进行检验,Panel C 则可能具有统计学意义。

1.4 案例分析

开车和坐飞机相比究竟如何？假设您需要前往 200 公里以外的地方参加会议，那么乘坐飞机更安全还是开车更安全呢？

就驾车而言，有交通方面的数据显示，在 10 亿公里的驾驶里程中，有 4.9 人死亡。也就是说，每行驶一公里就有 4.9×10^{-9} 人死亡。

然而，飞机飞行在达到巡航高度后相对比较平稳。无论飞行距离长短，近 90% 的事故都发生在起飞和着陆时。这意味着，衡量每公里的风险并不是航空旅行的有效标准。

安全专家将乘客登机人次（Passenger Boardings）作为衡量航班的标准，几乎不考虑实际飞行距离。根据交通方面的数据，目前全球死亡风险为每 790 万乘客登机一次死亡一人（低于 1998 至 2007 年期间每 270 万乘客登机一次死亡一人的水平）。按每名乘客单次登机计算，死亡风险为 $1/(7.9 \times 10^{6})$ 或 1.27×10^{-7}（每名乘客单次登机的死亡概率）。

如图 1-1 所示，我们可以用距离（千米）为 x 轴，死亡风险为 y 轴绘制图表。1.27×10^{-7} 的平线大致代表了每名乘客单次飞行的死亡风险，与实际飞行距离无关。那么，需要行驶多少公里才能达到同样的风险？

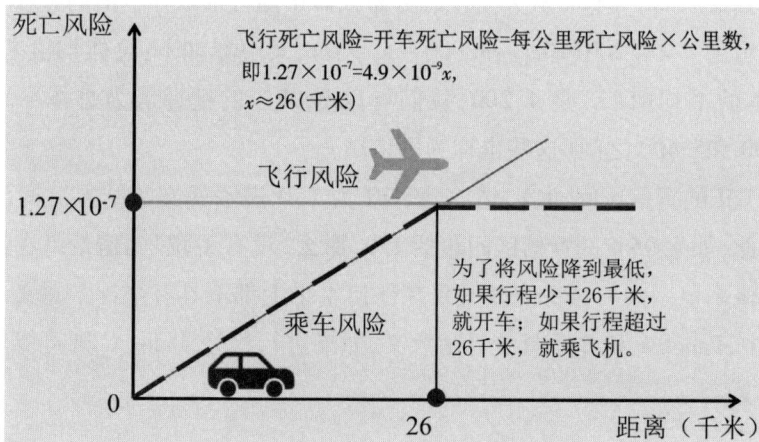

图 1-1 飞行风险与乘车风险的对比

答案竟然只有大约 26 千米！

2010 年时，同样的计算，结果接近 350 千米，但之后，飞行变得越来越安全，而道路和驾驶相对变得更加危险。

当然，这种比较过于简单，没有考虑到驾驶（驾驶员年龄、路况、车况、交通状况，甚至到机场的车程）或飞行（无论是大型涡扇、喷气式飞机，还是小型通勤航班和包机）的许多其他变量，但还是有启发性的。

2 概率风险评价

在本章中，我们使用概率风险评价来预测和衡量未来可能发生的事件，例如事故和灾难。概率风险评价（Probabilistic Risk Assessment，PRA）被广泛应用于各个领域，包括石油钻井、外科手术和航空航天工程等，涉及各领域部门、技术和系统。它采用多种分析方法，包括公式、列联表、维恩图和概率树。概率树类似于故障树，但其每个交叉点都包含特定的概率值。从本章开始，我们介绍概率的基本定义和公式，以帮助那些对概率语言、计算和解释不太熟悉的读者理解概率风险评价。

2.1 研究背景

在风险评价与沟通的背景下，预测尚未发生事件结果的概率要求风险分析师处理其中的不确定性[41]。风险语言是以概率为基础的语言，其中每个结果存在于 0 和 1 之间。我们通常用百分比来表示各种结果的概率，概率实际上是将百分比小数点向左移动两位的数字，例如，100% 的概率是 1.0，50% 的概率是 0.5，10% 的概率是 0.1，以此类推。

人们在日常语言中经常表达出对不确定性和概率的兴趣，比如，"概率有多大""有多少机会""我敢和你打赌"等。然而，在评价健康与安全风险时，我们需要更客观的估计，包括每个阶段的数字概率，同时，对这些数值置信度的估计也至关重要。当媒体报道风险估计值时，往往没有提及这些估计值的不确定性，即使提及，也缺乏相应的解释，这是令人遗憾的，因为它并没有提供完整的情况说明。

表 2-1 显示了一些经过评价的风险,并附有每个风险的不确定性系数[42]。正如本章后面所讨论的,有些不确定性是系统性的,产生于所使用的风险评价方法(包括过度使用最坏情景假设),而其他不确定性则包括未知变量的相互作用所产生的真正变数。在表 2-1 中,不确定性的范围从 5%(0.05)到 1000%(10)不等,因此在评价含有三氯乙烯的饮用水时,不确定性的范围是评价家庭意外死亡风险的 20000%,也即 200 倍。

表 2-1　风险及其不确定性示例

事件	年度风险	不确定性
家庭事故(死亡)	1.1×10^{-4}	5%
机动车事故(总体死亡数)	2.4×10^{-4}	10%
机动车事故(行人死亡数)	4.2×10^{-5}	10%
吸烟(1 包/天)	3.6×10^{-3}	300%
花生酱(4 茶匙/天)	8.0×10^{-6}	300%
三氯乙烯监管限值的饮用水	2.0×10^{-9}	1000%

概率论是风险领域的基础,我们只有在必要的范围内了解和使用它提供的工具才能有效探索风险[43]。如果缺乏这些工具,我们的工作将会变得主观且缺乏可信度。概率计算的起源可以追溯到欧洲赌场中的概率游戏,如骰子、纸牌、轮盘赌等,这些游戏已经存在数个世纪。然而,直到贵族赌徒们向皮埃尔·德·费马和布莱斯·帕斯卡等数学家求助,概率论才成为一门独立的数学分支。

2.2　概率建模

掷硬币时,我们无法事先知道结果。但我们可以预测硬币落地时是正面还是反面,因为正或反是唯二可能的结果。硬币是均匀的,所以每种结果出现的概率都是相等的,即概率为 50%(0.5)。概率的一些基本特征如表 2-2 所示。

表2-2　概率的基本特征

---

1. 概率是介于0和1之间的数字。

2. 所有可能结果的集合称为"样本空间"[S]。

3. 样本空间中每个结果的概率之和必须是1.00。

举例:掷一次硬币,只有两种结果:

- 样本空间[S]为{H,T},每个结果的[P]为0.5。

举例:在一个由随机个位数组成的表中插入一枚大头针,可能出现10种结果:

- 样本空间[S]为{0,1,2,3,4,5,6,7,8,9},每个结果的[P]为0.1。

有时读者可能会寻找满足某种要求或"论据"的结果组合的概率。表2-3和表2-4强调了明确定义结果或"事件"的重要性。让我们明确一下"事件"的定义:一个"事件"是指作为样本空间子集的任何单个结果或结果集。

表2-3　概率计算

掷硬币4次,记录每组H和T的顺序。

单一结果将是构成样本空间的以下16种组合之一,每种结果的P值均为1/16或0.0625。

1	2	3	4	5	6	7	8	9	10	11	12	13	14	15	16
H	H	H	H	T	H	H	H	T	T	T	H	T	T	T	T
H	H	H	T	H	H	T	T	H	T	H	T	H	H	T	T
H	H	T	H	H	T	H	T	T	H	T	T	H	T	H	T
H	T	H	H	H	T	T	T	T	H	H	T	T	T	H	T

表2-4　扔4次硬币可能出现的正面个数

抛掷4次硬币,记录H出现的次数。

事件	4H	3H	2H	1H	0H	总计
分数	1/16	4/16	6/16	4/16	1/16	16/16
概率	0.0625	0.2500	0.3750	0.2500	0.0625	1.0000

举例来说,如果我们将"事件"定义为"在一枚硬币中所有可能的序列中恰好有两个正面",那么在4次投掷硬币的序列中,我们需要确定有多少种可能的结果。如表2-3所示,在这十六种结果中,只有6种符合所述事件的要求,这些结果集合为{HHTT,HTHT,THTH,TTHH,THHT,HTTH}。因此,这十六个可能结果中有6个满足事件的要求,其概率为6/16或0.375。我们可以用传统的

概率公式表示：

$$P\left(\frac{两个正面}{4\ 次抛掷硬币}\right) = 0.375 \tag{2.1}$$

表 2 - 4 列出了在指定"正面"的情况下所有可能结果的概率。在概率模型中，所有事件都有概率，我们可以将事件 A 的概率表示为 $P(A)$，表 2 - 5 用扑克牌的例子展示了这一点。

表 2 - 5 概率计算(单张牌)

挑战：从一包正常的 52 张扑克牌中，随机抽出一张是以下五种情况的概率各是多少？

　　a)任意一张方块；b)任意一张花牌；c)任意大小王；d)黑桃 A；e)任意红牌。

答案：a)0.2500；b)0.2308；c)0.0769；d)0.0192；e)0.5000。

2.2.1 概率加法

到目前为止，我们已经讨论了抛硬币、掷骰子和纸牌等游戏。尽管这些游戏看起来与健康和安全问题有些远，但当我们开始使用这些相同的技术计算人类健康风险的概率时，就会发现它们之间存在着密切的联系。在实际情景中，虽然事件概率的总和为 1.0，但许多概率仍然是不相等的。考虑到这一点，请看图 2 - 1 并回答以下问题："随机选择一颗红色或橙色糖果的概率是多少？"我们认为红色或橙色的糖果都满足要求，因此选择红色或橙色的概率 P(红色或橙色)将大于选择红色或橙色中的任一种颜色的概率 P(红色)或 P(橙色)。

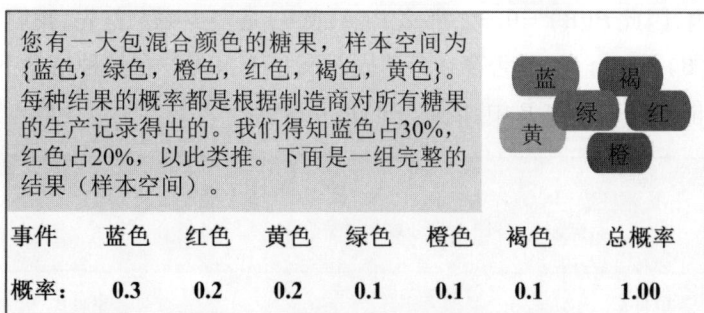

您有一大包混合颜色的糖果，样本空间为{蓝色，绿色，橙色，红色，褐色，黄色}。每种结果的概率都是根据制造商对所有糖果的生产记录得出的。我们得知蓝色占30%，红色占20%，以此类推。下面是一组完整的结果（样本空间）。

事件	蓝色	红色	黄色	绿色	橙色	褐色	总概率
概率：	0.3	0.2	0.2	0.1	0.1	0.1	1.00

图 2 - 1 应用变量值的加法概率

在概率论的世界中，"或"表示两个独立概率的简单相加，但这仅适用于两个事件相互排斥的情况。这意味着在两个或多个项目相互排斥时，只能选择其中一个项目，而其他项目则被排除在外。在糖果的例子中，每种糖果都是单一颜色的，没有人可以同时选择红色和橙色的糖果。因此，这两种颜色是互斥的，可以使用简单的加法法则。一颗糖果只能是红色、黄色或绿色等，因此在截然不同的结果情景下，概率相加遵循特定的规则：

$$P(\text{A or B}) = P(\text{A}) + P(\text{B}) \tag{2.2}$$

将加法法则应用于图 2－2 的维思图时，我们只需将蓝色（0.2）和绿色（0.1）的概率相加。

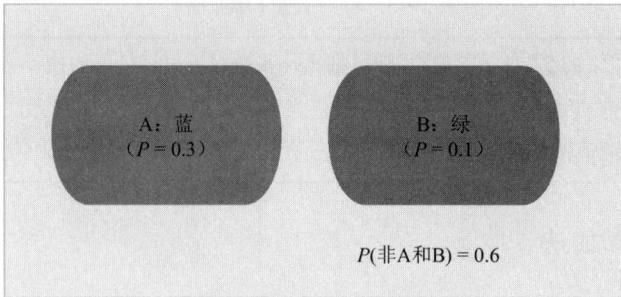

图2－2　应用维恩图的加法概率

$$P(\text{蓝 or 绿}) = P(\text{蓝}) + P(\text{绿}) = 0.4 \tag{2.3}$$

请注意，方框内的所有内容都将成为样本空间，并且概率总和必须为 1.0。在这个例子中：

$$P(\text{非蓝 nor 绿}) = 1 - \{P(\text{蓝}) + P(\text{绿})\} = 0.6 \tag{2.4}$$

图2－3 描述了另一种涉及随机数的互斥情况。在这里，事件（A）被定义为任何奇数，S 中共有 5 个奇数，因此 $P(\text{A}) = 0.5$；事件（B）是 4 的倍数，0、4 和 8 包含在内，因此 $P(\text{B}) = 0.3$。那么 $P(\text{A 或 B})$ 是多少呢？首先，我们要确定 $P(\text{A})$ 和 $P(\text{B})$ 是否互斥，是否存在某值同时满足 A 和 B？在这种情景下，A 的任何值都不能同时包含在 B 中，因此它们是互斥的。

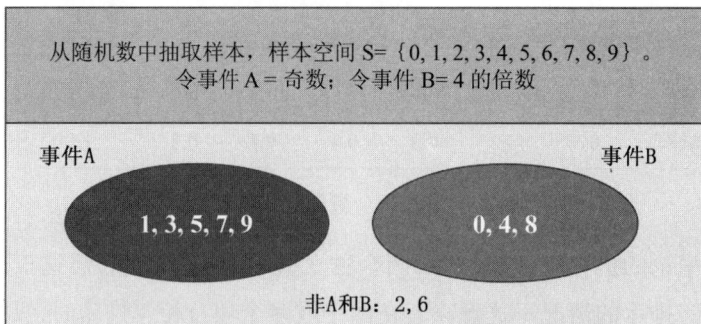

图2－3　互斥事件的加法概率

$P($ A 或 B $)$ 的解包括 A 的 5 种结果和 B 的 3 种结果,共有 8 种数字满足这个要求:1、3、5、7、9 和 0、4、8。因此,$P($ A 或 B $) = P($ A $) + P($ B $) = 0.5 + 0.3 = 0.8$。

然而,如果事件不相互排斥,两个或多个概率相加会发生什么变化? 图 2 - 4 是另一个例子,其结果可以同时属于两个类别。如果一个选择同时满足两个要求,那么简单的相加法则不再适用。例如,在掷六面骰子时,我们可以将事件(A)定义为掷出一个偶数,而事件(B)定义为掷出小于或等于 4 的数字。事件(A)有 3 种结果:2、4、6,所以 P(A) = 0.5,而事件(B)有 4 种结果:1、2、3、4,所以 $P($ B $) \approx 0.67$。

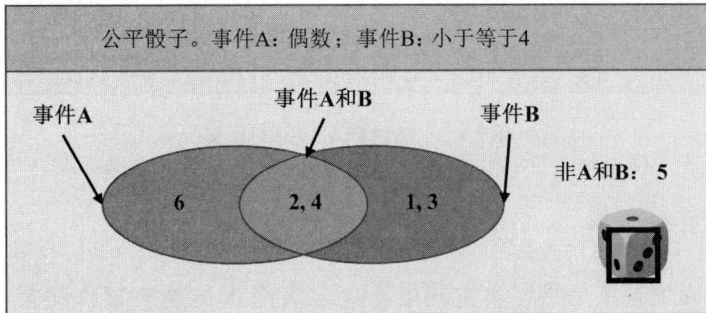

图 2 - 4 具有共同属性的加法概率

两个结果(2 和 4)同时满足事件(A)和(B),所以事件(A)和(B)不是相互排斥的。现在我们引入了一个新的概念,即 A 和 B 都发生的情景。图 2 - 4 也提供了一个例子来说明这一点。新区域 A 和 B(有时写作 A∩B)表示了事件 A 和 B 之间的重叠部分。"和"一词在概率论中具有一定的限定性,因为事件 A 和事件 B 必须同时发生。这与日常更通用的"和"概念不同(因此大于每个单独事件的组成部分)。这里的一个重要概念是,由于事件 A 和事件 B 不是相互排斥的,我们必须使用概率相加的一般法则来计算概率 $P($ A or B $)$:

$$P(\text{A or B}) = P(\text{A}) + P(\text{B}) - P(\text{A and B}) \qquad (2.5)$$

一般法则实际上适用于所有相加情景,因为如果两个事件是互斥的(没有重叠),那么"A 和 B"的概率将为零,可以忽略不计。如果事件 A 和事件 B 不是互斥的,正如图 2 - 4 所示,那么可以将共同区域("A 和 B")看作是测量"表面"的两个"厚度"。为了精确测量事件 A 和事件 B 所覆盖的确切面积,我们需要精细地切除其中一个"层"的中心重叠部分,因此,在式(2.5)的最后要进行减法操作。

图 2 – 5 阐明了"A 或 B"[图 2 – 5(a)中整个阴影区域]与"A 和 B"[图 2 – 5(b)中心部分有限的"重叠"区域]之间的区别。

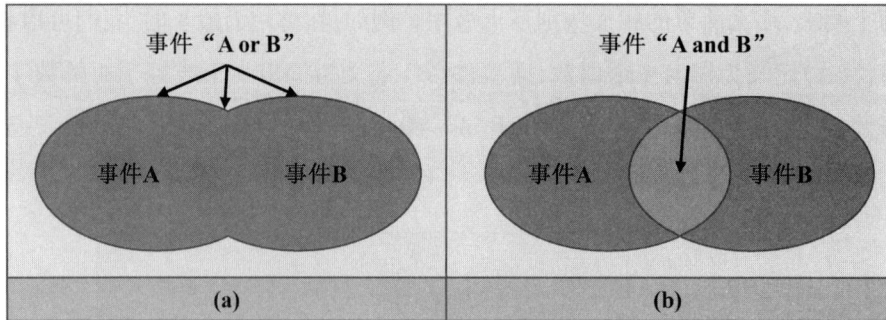

图 2 – 5　加法概率法则的释义

2.2.2　互补概率

事件 A 的补集是指样本空间中不包含事件 A 的所有事件的集合。如图 2 – 6 所示,用符号 A^c 表示事件 A 的补集。概率的补集是一个非常有用的概念,在简单或复杂的风险计算中都得到了广泛应用。

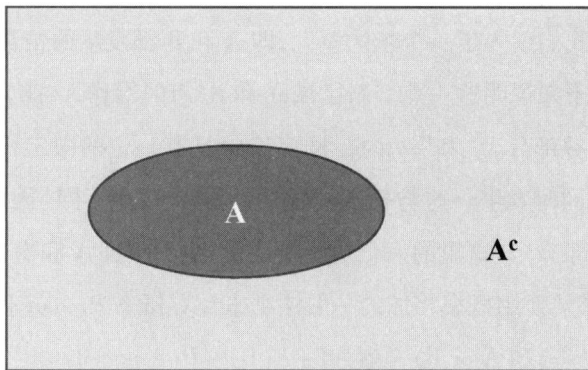

图 2 – 6　互补事件

在维恩图中,"补集"指的是在定义区域之外但在完整样本空间方框内的空间。表 2 – 6 提供了计算互补概率的一个示例。

表 2-6　互补概率在医院中的应用

分析:医院工伤事故

在审核 48 家乡镇医院的年度工伤报告时,我们发现有 12 家医院在一年内没有报告工伤事故,12 家医院报告了 1 起工伤事故,10 家医院报告了 2 起工伤事故,9 家医院报告了 3 起工伤事故,5 家医院报告了 4 起或更多工伤事故。我们希望找到一家医院报告一起或多起工伤事故的概率。选择一起或多起工伤报告是选择无工伤报告的补集。假设"无工伤"= 事件 A,那么 A 的补集就是"一次或多次"。

$$P(A^c) = 1 - P(A) = 1 - 12/48 = 36/48 = 0.75$$

或者,我们可以通过加法以更长的算式来计算概率:

$$P(无工伤) = P(1 起工伤) + P(2 起工伤) + P(3 起工伤) + P(4 起或更多工伤)$$
$$= 12/48 + 10/48 + 9/48 + 5/48 = 36/48 = 0.75$$

由上述例子的应用可知互补概率法则:

如果 A^c 是事件 A 的补集,那么 $P(A^c) = 1 - P(A)$。

例如,如果事件 A 的概率是 0.3,那么 $P(A^c) = 1 - 0.3 = 0.7$。

2.2.3　乘法概率

实际上,在前面的章节内容中,我们已经涉及了概率乘法。回想一下,$P(A$ and $B)$ 其实是在问"事件 A 发生后接着发生事件 B"的概率是多少。

在评价涉及多个因素的风险时,我们经常需要确定事件 A 在事件 B(有时还有事件 C、D 等)发生后的最终(联合)概率。例如,计算以下情景的总体风险:一个化学压力容器超过其最大压力(事件 A),同时泄压阀也卡住了且无法对此情况进行补救(事件 B)。事件 A 和 B 的发生导致化学品释放到环境中,其影响是灾难性的。换言之,事件 A 发生的可能性(概率)乘以事件 B 发生的可能性(概率)将成为最终事件的概率。事件 A 和 B 需要同时发生才能产生灾难,其概率可以描述为 $P(A$ and $B)$。

在计算这些概率时,我们需要注意顺序的重要性,以及事件是否独立。无论事件 A 是否发生,事件 B 的失效率可能是相同的,也有可能因为事件 A 刚刚发生,事件 B 才更有可能发生,但我们不能这样假设。除非提供信息,否则这就是缺失的信息。

当我们将事件 A 和 B 的概率相乘得出联合概率 P(A and B)时,我们认为第一个事件,即我们例子中的事件 A,只是"发生",但事件 B 的概率是以前一个事件发生为条件的。我们可以这样写:

P(A and B) = P(A) ×P(B,假定事件 A 已经发生)

这是一般的乘法法则,其中 A 和 B 是两个依次发生的事件。

更直观的表达方式是 P(A and B) = P(A) ×P(B|A),可以理解为"在给定事件 A 的情况下,A 的概率乘以 B 的概率"。如果读者在理解这种条件概率时感到困惑,请参考图 2 - 7 中相对简单的"事件 A 和 B"示意图。

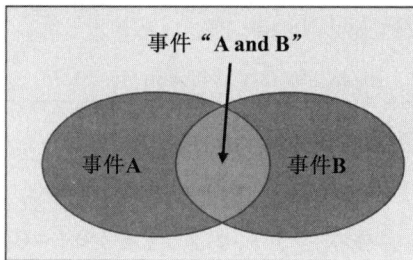

图 2 - 7   乘法概率 P(A and B)的另一视角

2.2.4   条件概率

通过重新排列一般乘法概率法则,我们还可以定义条件概率。

$$P(B|A) = \frac{P(A \text{ and } B)}{P(A)}, P(A) > 0 \qquad (2.6)$$

我们称事件 A 和 B 共有的缩小区域为联合概率,它是 P(A)与条件 P(B|A)的乘积,而不是 P(B)与 P(A)的乘积。这一点在使用概率树时将变得尤为清晰和直观。

举个更实际的例子,假设一名公众进行矫形手术的年平均风险为 1%,但在机动车事故(Motor Vehicle Accident,MVA)后进行矫形手术的年平均风险为 10%。用概率表示就是:

P(矫形手术) = 0.01

P(矫形手术|MVA) = 0.1

以先前的机动车事故为条件,手术风险增加了 10 倍。请注意,P(矫形手

术)使用整个人口作为样本空间(分母),而 P(矫形手术|MVA)只使用最近发生机动车事故的人作为样本空间,因此,条件概率总是有一个缩减的样本空间。

若没有其他信息(如发生机动车事故的概率),在这一阶段我们无法计算概率 P(矫形手术|MVA)。

在解释条件概率 $P(B|A)$ 时,首先要确定初始项事件 A(垂直线右侧),并以此作为新的分母或样本空间,然后确定同时满足条件量事件 B 的量。我们可以根据图2-8找到完整的概率范围,包括所有条件概率。第一步是计算 V 和 L 的概率。

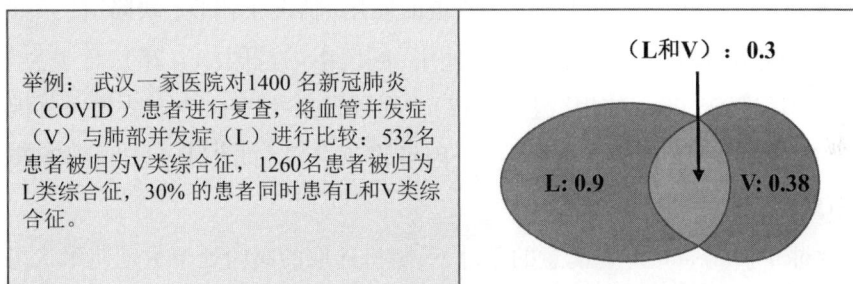

举例: 武汉一家医院对1400名新冠肺炎(COVID)患者进行复查,将血管并发症(V)与肺部并发症(L)进行比较:532名患者被归为V类综合征,1260名患者被归为L类综合征,30%的患者同时患有L和V类综合征。

(L和V): 0.3

L: 0.9   V: 0.38

图2-8   识别条件概率

图2-8中,分母为1400个病例,其中532个病例出现血管并发症[$P(V)$ =0.38],1260例出现肺部并发症[$P(L)=0.9$];30%的患者(0.3×1400 = 420)同时患有 V 和 L 并发症。现在可以计算剩余的概率了:

- $P($仅 V$) = P(V) - P(V \text{ and } L) = 0.38 - 0.30 = 0.08$

- $P(V^c) = 1 - P(V) = 1 - 0.38 = 0.62$

- $P(V \text{ or } L) = P(V) + P(L) - P(V \text{ and } L) = 0.38 + 0.90 - 0.30 = 0.98$

- $P($非 V 非 L$) = 1 - P(V \text{ or } L) = 1 - 0.98 = 0.02$

- $P(L|V) = \dfrac{P(V \text{ and } L)}{P(V)} = 0.30/0.38 = 0.7895$

- $P(V|L) = P(V \text{ and } L)/P(L) = 0.30/0.90 \approx 0.3333$

类似地,表2-7中显示了工业环境中的条件概率。在对一家化工厂的66个阀门进行安全检查后,发现其中44个处于"满意"状态,22个处于"缺陷"状态。66个阀门还按使用频率分为"低""中"和"高"三个等级。

表 2 - 7　条件概率表：化工厂阀门状况和使用情况

这些数据来自一家化工厂，描述了 66 个用于控制危险材料的阀门的状态。	工作状态	设备使用			
		低(L)	中(M)	高(H)	总计
	满意(Sat)	10	20	14	44
	缺陷(Def)	2	8	12	22
	总计	12	28	26	66

• 求 $P(\text{Def})$，即任意阀门"存在缺陷"的概率。这不是条件概率，所以分母是 66（所有阀门），而分子为 22，即 $P(\text{Def}) = 22/66 \approx 0.3333$。

• 求 $P(\text{Def}|\text{H})$，即任意阀门在"重度使用"情况下出现"缺陷"的条件概率。首先将分母减小到只包括"重度使用"阀门组的范围（$n = 26$），分子为"缺陷"数，但仅限于"重度使用"组（$n = 12$）。在处理条件概率时，首先取条件因子（垂直线右侧）作为分母，并将另一个因子作为分子，即 $P(\text{Def}|\text{H}) = 12/26 \approx 0.4615$。

• 求 $P(\text{H}|\text{Sat})$，即在满意的条件下，随机选取的阀门处于重度使用状态的概率：$P(\text{H}|\text{Sat}) = 14/44 \approx 0.3182$，这只需从表中选取我们需要的值即可，但该公式得出的结果是一样的，因此应该记住：

$$P(\text{A}|\text{B}) = \frac{P(\text{A and B})}{P(\text{B})}$$

$$P(\text{H}|\text{Sat}) = \frac{P(\text{H and Sat})}{P(\text{Sat})} = \frac{14/66}{44/66} = \frac{14}{44} \approx 0.3182 \qquad (2.7)$$

• 求随机抽取的阀门存在缺陷的概率。在中度使用条件下，最简单的方法是从表格中直观地选择 8/28，但公式也能得出相同的值：

$$P(\text{Def}|\text{M}) = \frac{P(\text{Def and M})}{P(\text{M})} = \frac{8/66}{28/66} = \frac{8}{28} \approx 0.2857 \qquad (2.8)$$

另外，表 2 - 8 中的另一个例子显示了基于医院调查得到的金黄色葡萄球菌分离数据的列联表，将 272 个分离物分为两类，一类是抗生素耐药性（是/否），另一类是致病性（是/否）。

• $P(\text{Res}) = 35/272 \approx 0.1287$

• $P(\text{Pat}) = 29/272 \approx 0.1066$

• $P(\text{Pat and Res}) = 12/272 \approx 0.0441$

表2-8　条件概率:葡萄球菌分离

致病性(Pat)	耐药性(Res)		
	是(Y)	否(N)	总计
是(Y)	12	17	29
否(N)	23	220	243
总计	35	237	272

在使用以下公式时: $P(A \text{ and } B) = P(A) \times P(B|A)$,我们得到相同的结果:

$$P(\text{Pat and Res}) = P(\text{Pat}) \times P(\text{Res}|\text{Pat}) = (29/272) \times (12/29) = 12/272 \approx 0.0441$$

在这些表格中,每个抽样项目都会出现4次,在表格中央矩阵的4个单元格中的一个,也会出现在行总计和列总计中,当然还会出现在总计中。每个单元格的值都来自它周围的单元格,或者说取决于它周围的单元格,因此被称为列联表。我们在之前的章节探讨相对风险和比值比时,已经了解了列联表的用处,从那里也能找到该问题的答案。

在表2-8中,耐药性是否与致病性无关? 有几种方法可供选择。首先比较垂直比率12:23:35与17:220:237,观察它们是否相似? 或比较横向比率12:17:29与23:220:243。但最快的方法是交叉相乘 $(a \times d)/(b \times c)$,得出6.7519,显然离1很远。因此,这两个变量是相关的,而且由于 $(a \times d)$ 起最大作用,我们可以看到病原菌株更有可能具有耐药性,而非病原菌株更有可能是非耐药性的。在下一节中,我们将用概率树来分析相同的数据,这样"独立性"问题将显示得更直观。

2.2.5　概率树

在上述内容分析时,我们可以对概率进行加法和乘法运算,并使用公式、维恩图和列联表进行分析。第三种方法是使用概率树,其优点是可以应用于多个(两个以上)变量[44]。它类似于决策树,但在每个交叉点上都有数值,可以进行相当复杂的分析,在商业软件中也可用于计算更复杂的数据阵列。

概率树将事件或事件序列描述为分支。如图2-9所示,其显示的是从左到右的事件序列,只要标注正确,概率树也能从上到下或从右到左绘制,本图中的概率树描述了与表2-8相同的葡萄球菌分离数据。

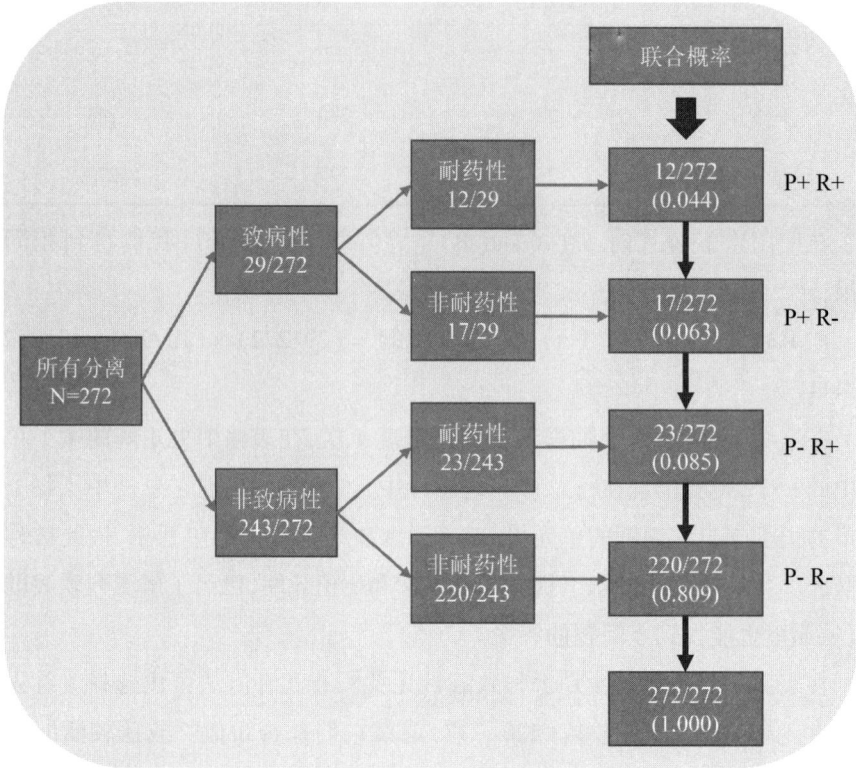

图2-9 概率树:葡萄球菌分离

在图2-9中,每个分支都有标签,标明其代表的事件及该事件发生的概率。从一个交叉点延伸出的所有分支必须完整,且相加等于1.0000。

在第一个示例中,每个交叉点都同时显示频率(计数)和概率。更常见的情况是只显示概率。使用频率还是概率在一定程度上取决于数据,也取决于所寻求的解决方案类型。在任何情景下,联合概率的总和都应为1.0000。

需要注意的是,划分致病性与非致病性的第一个交叉点是没有前提条件的,对应于表2-8中右边的总计数。第一个交叉点下方的所有其他概率均以之前发生的事件为前提。

回顾一下,$P(A \text{ and } B)$实际上是$P(A)$和$P(B|A)$的乘积,被定义为"联合概率"。所有联合概率都显示在概率树右侧的方框中。要获得联合概率$P(A$

and B)，即本例中的 P(Pat and Res)，需要沿着分支进行乘法运算，也即，直观地计算 $P(A) \times P(B|A)$：

$$P(\text{Pat and Res}) = P(\text{Pat}) \times P(\text{Res}|\text{Pat}) = (29/272) \times (12/29) = 12/272 \approx 0.0441$$

除非我们已经确定了耐药性与致病性无关，否则我们就不能简单地在第二个交叉点输入耐药性和非耐药性的总体已知概率。在本例中，P(Res|Pat)与 P(Res|non-Pat)差异明显(0.4138 vs. 0.0947)，证实耐药性取决于致病性。也就是说，致病状态会影响耐药性状态，这也印证了上一节相同数据交叉相乘检验的相关性。根据概率树还可以很容易地计算出其他概率。

- P(Res|non-Pat) ≈ 0.0947。请记住，首先要分离条件句数量，然后从该新样本空间(作为分母)中找到你要找的数据(分子)。在这个例中，从 non-Pat 开始，并从该分支中找到耐药性的数据。

- P(Res and Pat)表示单个分离物同时具有致病性和耐药性的(联合)概率，等于 0.0441。

- P(non-Pat) $= 243/272 \approx 0.8934$

- P(Res) $= 0.0441 + 0.0846 = 0.1287$

- P(non-Res|non-Pat)：从非致病性路径分支开始，计算出 P(non-Res) $= 0.9053$。请注意，从左边的条件概率开始求值很简单。

- P(Pat|Res)：这有点复杂。"条件"(耐药性)在概率树的右侧。首先找到并加上所有标有 R + 的联合概率，作为分母。分子是同时具有耐药性和致病性的联合概率：$0.0441/(0.0441 + 0.0846) \approx 0.3427$。

- 事件 A 和 B 是独立的吗？不是。耐药性取决于致病性(= "非独立")。换言之，如果分离物具有致病性，抗药性的可能性就会改变。从 P(Res|Pat)和 P(Res|non-Pat)的比较中就能看出这一点。

为了更清晰地说明独立性的含义，请看图 2 – 10。左侧图(a)显示事件 A(病史)和事件 B(对化学物质的反应)是独立的。这意味着无论事件 A 是否发生，对事件 B 产生反应都是 10%。但在右侧图(b)中，当事件 A 为正数时，对事件 B 的反应更大(60%)，而当事件 A 为负数时，对事件 B 的反应只有 5%。因此，事件 A 会影响事件 B 的概率，即右边图中的事件 B 依赖于事件 A，这表明它们不是独立的。

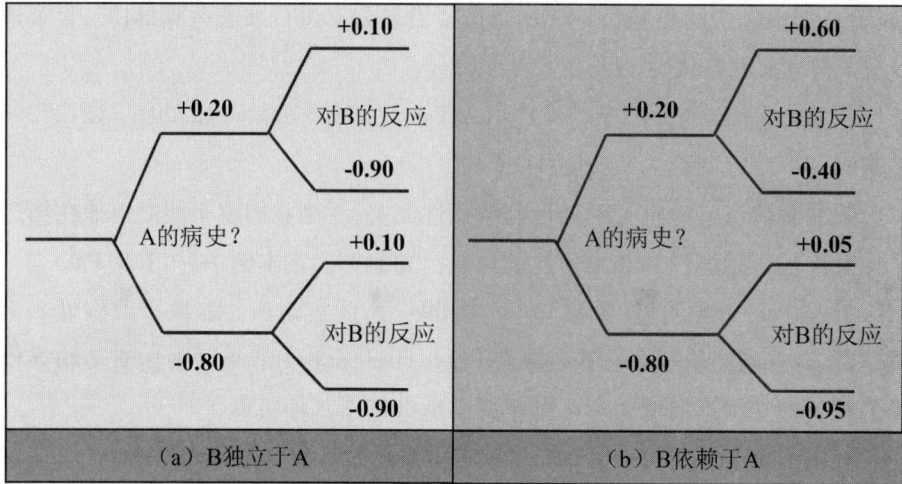

图 2 - 10　概率树的独立性与依赖性

2.3　概率的应用

图 2 - 9 的树状图显示了每个交叉点和每个分支末端的计数/频率,以及概率。虽然概率通常是首选,但根据问题的类型、可用数据和目标的不同,二者都可能有用。

2.3.1　概率树变量的排序

概率树作为一个方法指南,在应用前一定要仔细阅读问题,了解事件是否真的按顺序一个接一个地发生,一个决定或事件在逻辑上是否先发生。例如,当煤气泄漏为第一前提,然后才会引起爆炸和火灾,那么就应该按照这个顺序将它们输入树状图中。

在葡萄球菌的例子中(图 2 - 9),或者在雇用三个人的例子中(见图 2 - 11),无论构建树状图的顺序如何,结果都是一样的。在这两个例子中,虽然顺序并不重要,但我们还是要一个一个地依序输入。

在图 2 - 11 中,有三个人被录用,每个人都要接受与基因有关的检测,以确定他们是否对工作场所使用的一组化学物质敏感。我们需要知道这种敏感性出现的概率,需要知道这种敏感性没有出现或是一个人、两个人,乃至三个人出现的概率。

依次考虑每个候选者,而不是作为一个点的三个分支。值得注意的是,从一个点分支出来的概率总和必须等于整数 1。本例还说明了标注联合概率的好处,即便于识别。这也是一个很好地说明每个人都是独立于其他个体的例子:无论之前的个体是否敏感,$P(\text{Sensitivity})$ 都是一样的。

问题(a)要求三个候选人中正好一个具有敏感性。通过观察标签,我们看到这是从上到下的第四、第六和第七个联合概率的总和,每个联合概率都显示一个"Y"。问题(b)要求恰好两个,即将第二、三和五个联合概率加在一起。在(d)中,"至少一个"是除第八个之外的所有联合概率相加,或使用补集这一更快方法,总概率(1)减去"无"(0.9851)等于 0.0149。

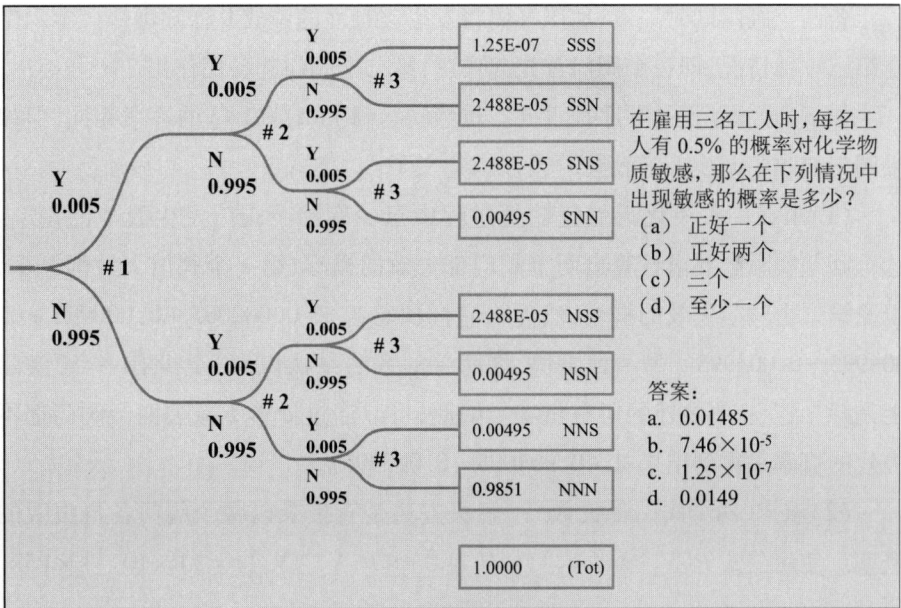

图 2-11 概率树的灵敏度

另一个例子,如图 2-12 所示,液化天然气储存厂使用同系列两个电动阀 V_1 和 V_2 将液化天然气输送到公路和铁路集装箱。V_1 型阀门的故障率约为 0.1%。备用阀门 V_2 是一种较老的设计,使用时故障率约为 0.5%,故障率是相互独立的。

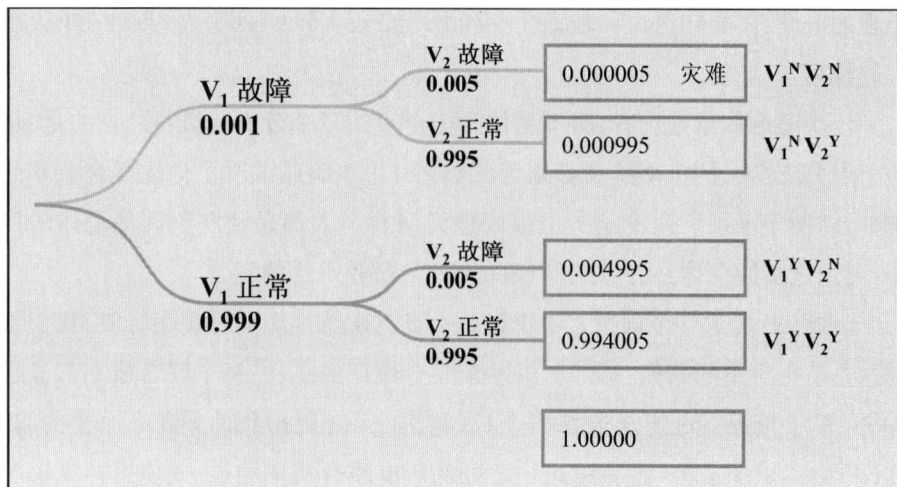

图 2-12　阀门故障顺序

若两个阀门同时失效,加压气体将发生灾难性的释放并伴随爆炸。本示例介绍了一种情况,即一个阀门首先起作用,第二个阀门起备用作用。

如下列问题所示,顺序很重要。虽然问题(1)(2)和(4)的答案相同,但如果阀门的顺序调换了,问题(3)就没有意义了。

(1)求在一次液化天然气输送过程中至少有一个阀门发生故障的概率。这个问题实际上要求计算出两个阀门都失效的概率、第一个阀门失效的概率,以及第二个阀门失效的概率,然后将它们加总起来:0.000005 + 0.000995 + 0.004995 = 0.005995。另一种更快、更简单的方法是认识到"至少有一个"实际上是除"无"选项之外的所有概率。因此,可以通过计算 1 减去两个阀门都不失效的概率来得到结果:1 − 0.994005 = 0.005995。

(2)求 P(两个阀门都失效)。解决方法是直接乘以两个阀门各自失效的概率。使用公式 $P(V_1^N \text{ and } V_2^N) = P(V_1^N) \times P(V_2^N|V_1^N) = (1 \times 10^{-3}) \times (5 \times 10^{-3}) = 5 \times 10^{-6}$。

(3)如果 V_1 发生故障,那么 V_2 在同一传输事件中也发生故障的概率是多少? 这里 V_2 的故障率与 V_1 故障无关,即 $P(V_2^N|V_1^N) = P(V_2^N)$。只需在 V_1 发生故障的条件下考虑 V_2 的故障率。解:$P(V_2^N|V_1^N) = 0.005$。

(4)设施每年输送液化天然气 52 周,每周 30 次。那么在设施预计的 10 年寿命期内,至少发生一次液化天然气泄漏(等于两个阀门均故障)的概率是多少？可以通过计算一次液化天然气泄漏未发生的概率的补集来得到结果。未发生液化天然气泄漏的概率是 $P(V_1^N \text{ and } V_2^N)$ 的补集，即 1 减去 $P(V_1^N \text{ and } V_2^N)$。然后将该概率应用于 10 年的输送周期总数，得到 $1 - [P(V_1^N \text{ and } V_2^N)^C]^{15\,600} = 0.075$。

2.3.2　事件筛查中的概率表达

（1）利用贝叶斯定理进行疾病筛查

通过在计算中加入有关人群的先验信息，可以提高个体结果的概率。这一基本理论由托马斯·贝叶斯于 17 世纪初建立。我们借用贝叶斯原理来分析病情或疾病检测后的概率[45]：将已知的人群发病率作为第一个决策交叉点（左侧），个体检测结果（阳性/阴性）作为第二个决策交叉点（右侧），然后就可以计算出联合概率。图 2-13 描述了一种疾病在人群中的发病率为 2%（0.02）。

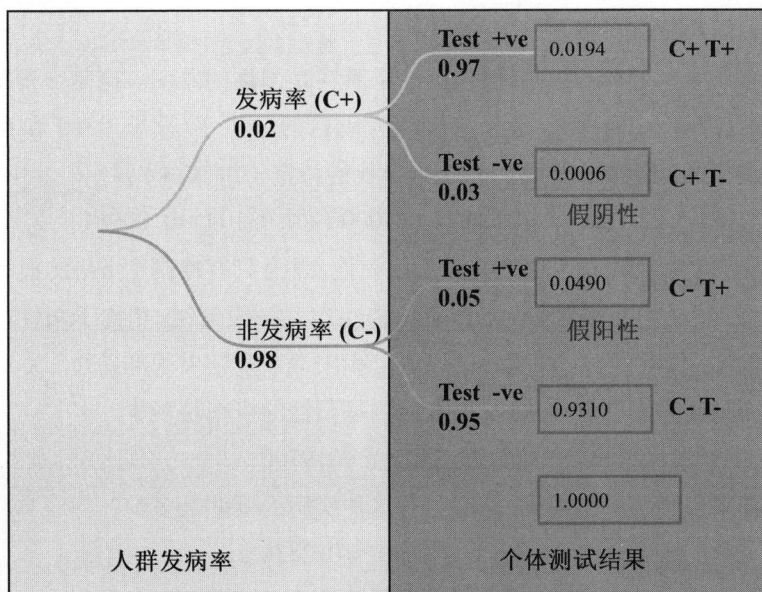

图 2-13　应用贝叶斯定理进行疾病筛查

对个体进行的测试并不完美，在发病的情况下，只有 97% 的患者会对测试结果呈阳性反应，而剩下的 3% 阳性患者，测试错误地显示了阴性结果"假阴性"。在 5% 未患病人群中，该检测也会出现"假阳性"反应。

绘制树状图时，最上层的联合概率代表"真实"阳性，最下层的则代表"真实"阴性。从上往下第二位是"假阴性"(实际为阳性,但显示为阴性),从上往下的第三位是"假阳性"(实际为阴性,但显示为阳性)。以下是病人常问的问题,而医生们却常常由于自身准备不足而导致无法准确传达这类信息。

①如果一个人刚从该测试中得到阳性结果,那么该人患病的概率是多少?这是指在给定测试结果为阳性的情况下,患病的概率表示为 $P(C+|T+)$。我们需要从测试结果为阳性的样本空间($T+$)开始。我们将第一和第三联合概率相加,它们分别表示为 $P(C+\ and\ T+)$ 和 $P(C-\ and\ T+)$,将这两个联合概率相加得到 0.0684。测试结果为阳性的总和是我们的简化样本空间(即分母)。分子由 $P(C+|T+)$ 的左侧决定,显然是第一联合概率 $P(C+$ 和 $T+)$,因此,计算结果如下:

$$P(C+|T+) = 0.0194/(0.0194 + 0.0490) \approx 0.2836$$

解释:一个筛查结果呈阳性的人实际上只有约28%的概率患有该疾病。这种筛查检测的假阳性率相当高。随后的详细检测将提供更准确的结果,但这些大规模筛查测试提供了有用的第一步。

②求一个人被检测为阴性,但其结果其实是阳性的概率。这是一种条件概率,表示为 $P(C+|T-)$。分母是检测为阴性的总概率(将 0.9310 和 0.0006 相加),分子是我们要在检测阴性组中寻找的特定子组($C+$):

$$P(C+|T-) = 0.0006/(0.0006 + 0.9310) \approx 0.00064$$

解释:检测结果呈阴性的人可以信赖他,因为只有略高于6‰的概率证实他的检测结果是假的,而他确实患有这种疾病。一般来说,相比于阳性检验结果的准确性,医疗服务的消费者可以更信赖阴性筛查结果的准确性。

③如果某人患有这种疾病,那么检测呈阳性的概率是多少?

$$P(T+|C+) = 0.9700$$

④如果检测结果呈阳性,他们患有这种疾病的概率是多少?

$$P(C+|T+) = 0.2836$$

⑤如果一个人未患这种病,那么检测结果呈阳性的概率是多少?

$$P(T+|C-) = 0.0500$$

⑥如果检测结果为阴性,那么一个人没有患病的概率是多少?

$$P(C-|T-) = 0.9994$$

⑦在100万人口中,以2%的发病率计算,实际会有多少人患病?

$$1000000 \times 0.02 = 20000$$

⑧在100万人口中,有多少人会检测出阳性结果:

$$1 \times 10^6 \times (0.0194 + 0.0490) = 1000000 \times 0.0684 = 68400$$

⑨在100万人口中,有多少人的检测结果为阴性,但却真的患有这种疾病?

$$1 \times 10^6 \times 0.0006 = 600$$

（2）借助灵敏度和特异性进行疾病筛查

从事医学或流行病学研究的人都熟悉从特异性和灵敏度两方面来解释假阴性和假阳性[46]。表2-9是对一种常见的大规模筛查检验与一种使用有限的"金标准"检验进行的比较,后者多用于比较其他检验。

表2-9　特异性和灵敏度中的假阳性和假阴性

大规模筛查	金标准检验			
	阳性	阴性		
阳性	真阳性 840	假阳性 100	N = 940	阳性预测值: 840/940 ≈ 0.89
阴性	假阴性 160	真阴性 900	N = 1060	阴性预测值: 900/1060 = 0.85
	N = 1000	N = 1000	2000	
	灵敏度: 840/1000 = 0.84	特异性: 900/1000 = 0.90		

大规模筛查检测的灵敏度是指正确检测出真阳性结果的比例。在本例中,这一比例为840/1000或0.84。筛查检验的特异性是指正确检测出真阴性结果的比例。在本例中,这一比例为900/1000或0.90。在实际进行目标人群检测时,我们并不了解单项检测的准确性。

该表格还可以估算筛查出的阳性结果中可以假定为真阳性结果的比例（"阳性预测值",PPV）,以及筛查出的阴性结果中可以假定为真阴性结果的比例（"阴性预测值",NPV）。

2.3.3　变量独立性缺失的概率表达

考虑以下情况:每150个儿童中就有1个对坚果过敏,而每250个儿童中就有1个对柠檬黄食用色素过敏。我们不知道这两种过敏现象是否相互独立,但知道每350个孩子中就有1个同时对这两种物质过敏。

如图 2 - 14 所示,第一个概率是 1/150,但我们不能假定第二个交叉点的概率是 1/250,因为我们不知道第二个变量是否与第一个变量无关。总体而言,对柠檬黄过敏的概率是 1/250,但对坚果过敏或不过敏的人对柠檬黄过敏的概率可能不同。

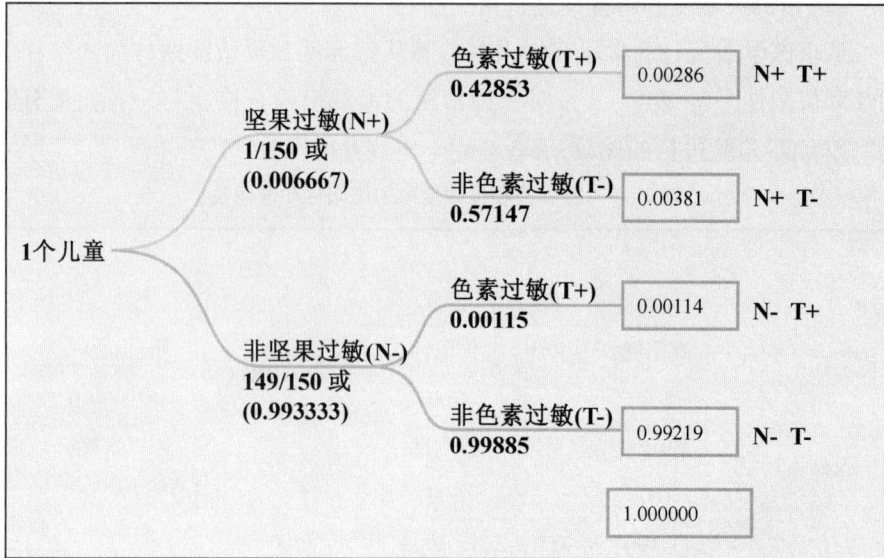

图 2 - 14 非独立变量

我们被告知同时出现这两种过敏症的概率 $P(N + and T +)$ 为 1/350 或 0.00286。这是最高的联合概率,它还能让我们求出 $P(T + | N +) = \dfrac{P(N + and T +)}{P(N +)} = 0.00286/0.00667 \approx 0.42879$。

那么,$P(T + | N +)$ 的补集为 0.57121,即 $P(T - | N +)$。

第一和第三个联合概率分别显示 T +,加在一起则代表总的柠檬黄色素过敏概率为 1/250 或 0.004。我们已经有了第一个概率 1/350,所以另一个概率一定是 0.00114,由此可以求出其余的条件概率和联合概率。图 2 - 14 中通过随机选择一个孩子,我们可以得到以下概率:

(1)只对坚果过敏? $P(N + | T -) = 0.00381$。

(2)对坚果或柠檬黄色素(或两者)过敏? $P = 0.00286 + 0.00381 + 0.00114 = 0.00781$(或者我们可以借助补集 1.00000 - 0.99219 = 0.00781)。

(3)对坚果和柠檬黄色素都不过敏? $P(N - | T -) = 0.99219$。

（4）一个有 50 名儿童的班级中至少有一名儿童对这两种食物中的任何一种过敏的概率是多少？其概率为 0.3243（或 32.43%）。

（5）这两种过敏症状是独立的吗？$P(T+|N+)$ 与 $P(T+|N-)$ 不同。因此，对坚果过敏会对柠檬黄色素过敏的概率产生影响（在本例中会增加）。因此，这些变量存在相关关系。

2.3.4　多次迭代的概率表达

前面的例子已经提到了这一部分内容的应用，用来解释与我们最初的直觉相反的有点复杂的计算。例如，如果失败的概率是 1%，问一个人在 25 次结果之后失败的概率是多少，可能会回答 $25 \times 0.01 = 0.25$，这很接近，但并不精确。如果有 100 个结果呢，难道是"必然事件"吗（$100 \times 0.01 = 1.00$）？当然不是，即使尝试了 150 次或 1000 次，也总是有可能失败。那么尝试 150 次之后，发生的概率是 1.5 吗？这显然是错误的，因为概率只限制在 0.0 和 1.0 之间。

用一个事件的概率乘以事件的数量显然是错误的。根据所采用的叙述和数值，这种方法有时会得出正确答案的近似值，但误差会随着事件迭代次数的增加而增大。再以图 2 - 12 中的数据为例，该设施在一年 52 周内每周输送液化天然气 30 次。我们的问题是：在该设施预计的 10 年寿命期内，至少发生一次液化天然气灾难性泄漏（两个阀门都失灵）的概率是多少？

从图 2 - 15（a）中我们可以看出，只有最高概率（0.000005）才是一个事件发生"灾难"的概率。第一步便是找出该事件的补集。因此，0.999995 是一个事件中未发生灾难的概率（等于其他三个联合概率相加）。

图 2 - 15（b）显示了这次用 3 个事件重新绘制的树状图，以及每个事件之后发生"灾害"或"非灾害"的概率。请注意在只有 3 个事件的情况下，出现了 8 个联合概率。除了最下面的一个，其他都有可能发生灾害。

P（3 次事件后非灾害）$= 0.999985$

尽管我们最终寻求的是 N 次事件中"至少一次"灾害发生的概率，但最初的方法是确定 N 次事件中不发生灾害的概率。图 2 - 15（b）通过将 0.999995 提高到 3 的幂，并得到 0.999985 来演示 P（3 次事件中未发生灾害）。该图的补集（所有其他联合概率之和）即为"至少发生一次灾难"的概率。

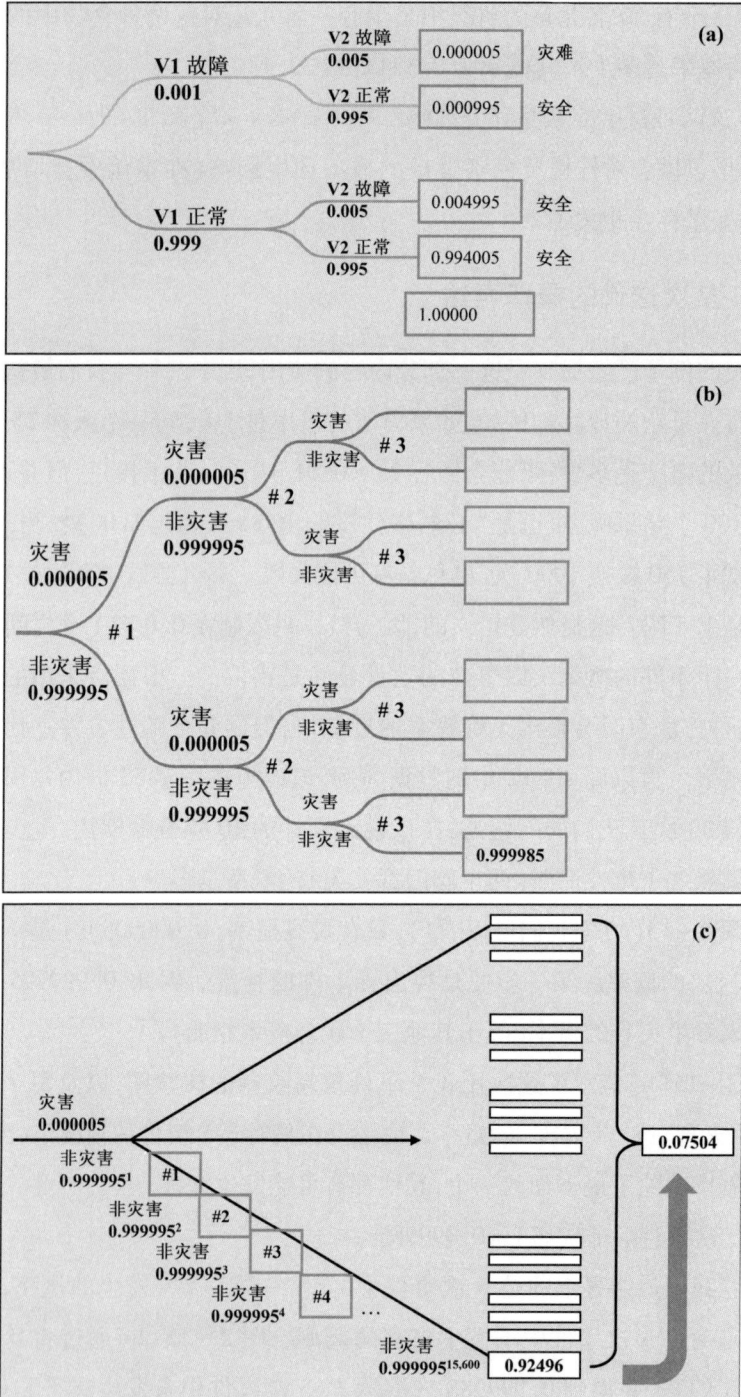

图 2 –15　事件的灾害风险

这是三个事件的解决方案,但问题涉及 10 年的事件。如果我们将这一计算推算到设施的 10 年寿命期(期间将发生 $30 \times 52 \times 10 = 15600$ 次转移事件),如图 2 – 15(c)所示,每次发生灾难的概率为 0.000005,则 15600 次事件中的 P(无灾害)为 0.999995 提高到 15600 幂次。该图说明了在发生 15600 次转移事件后未出现灾难的风险达到了 0.92496 的联合概率,其补集(0.07504,即 7.5%)是 10 年内至少发生一次灾难的概率。

该技术起初应用于灾难在一次事件中不会发生的概率,而后将其提高到 N 种可能性的幂级数,再求出最终联合概率的足额。简言之,计算公式为:$1 – [1 – P(灾难)]^{N}$,其中 N 为事件数。

2.4　小结

(1)概率是介于 0 和 1 之间的数字。

(2)样本空间是一个事件所有可能结果的列表。

(3)每个结果都有其可测量的发生概率。

(4)每个交叉点的所有概率相加为 1.00。

(5)互斥事件的加法规则:$P(A \text{ or } B) = P(A) + P(B)$

(6)任一 A 和 B 事件加法:$P(A \text{ or } B) = P(A) + P(B) – P(A \text{ and } B)$

(7)A^{c} 为 A 的互补事件,$P(A^{c}) = 1 – P(A)$

(8)继事件 A 之后发生了 B 的概率,记作 $P(B|A)$。联合事件 $P(A \text{ and } B) = P(A) \times P(B|A)$,或者有效地重新排列:$P(B|A) = P(A \text{ and } B)/P(A)$

(9)如果 A 和 B 是独立事件,那么:$P(A \text{ and } B) = P(A) \times P(B)$

(10)第一个交叉点的分支是非条件概率,例如 $P(A)$;随后的分支都是条件概率,例如 $P(B|A)$。

(11)在树状图中:沿着分支做乘法,树枝之间做加减法。

(12)要在大 N 事件中求"至少一个"的概率,使用公式 $1 – [1 – P(事件)]^{N种可能性}$。

3 定量风险评价

定量风险评价通常在复杂技术系统安全决策中发挥作用,同行评审是该过程的重要组成部分,其中风险知情决策至关重要。从定量风险评价中得出的见解需要与传统的安全要求结合使用,因此应在这种情境下进行审查。定量风险评价系统适用于各行业,通过风险模型和分析结果的表达方式来缩小管理人员、工程师和风险分析师之间的沟通差距。本章提供了相关应用实例,以说明定量风险评价的实际用途。

3.1 研究背景

自从首次应用于大型技术系统以来,定量风险评价(Quantitative Risk Assessment, QRA)已经发展了大约30年[47]。在这段时间里,许多方法已经取得了长足进步,并应用于核能反应堆、空间系统、废物储存库和化学弹药焚化炉等领域[48]。

每个应用通常会出现共性的进展模式。最初阶段(第一阶段),行业的安全团体对新技术的实用性持怀疑态度。随着工程师和决策者对技术越来越熟悉(第二阶段),他们开始关注定量风险评价为决策者所提供的参考。通常情况下,决策者首先关注"负面"见解,即那些揭示了以前未曾发现的系统故障模式的观点。他们会采取行动,降低这些失效模式及其后果发生的可能性。随着时间的推移(第三阶段),越来越多的安全分析人员开始使用定量风险评价,他们对其的信心也会增强,并开始关注"积极"的见解,即可以放宽一些以前规定的安全要求,因为这些要求要么对安全没有贡献,要么贡献很小,无法证明其合理性。进入第三阶段通常需要改变安全管理的文化。对多年来一直使用传统"确定性"方法的工程师来说,这种转变并非易事。在三个阶段中,风险洞察绝不是决策的唯一依据。

当然,这三个阶段之间并没有明显的界限。特定行业所处的阶段取决于其受监管的程度。因此,受到严格监管的美国核电行业于1975年进入第一阶段,几年后进入第二阶段,1998年,第一份关于如何在监管事务中使用风险信息的监管指南发布,标志着第三阶段的开始[49]。从第一阶段到第三阶段,用了大约四分之一个世纪,这足以证明决策者接受定量风险评价的谨慎程度。大多数国家核监管机构仍处于第二阶段,并在仔细观察美国的第三阶段试验。

反对特定决策或行业的公民团体经常对定量风险评价的有效性提出质疑,尤其是"定量"的部分。虽然负责任的团体偶尔会做出答复,但这些批评,尤其是大众媒体上的文章[50],在很大程度上仍未得到回应。定量风险评价应被视为安全分析中的另一种工具,它能改善与安全相关的决策。定量风险评价并不能完全取代传统的安全方法或理念。定量风险评价分析师将是首先承认这一工具并不完美的人,但它代表了在理性决策方面的巨大进步。

就其本质而言,定量风险评价回答了三个问题,即:(1)出现问题的可能性有多大? (2)如果问题发生,可能的后果是什么? (3)如何出错?

这是一种自上而下的方法,其步骤如下:

①确定一系列不希望出现的最终状态(不利后果),例如,公众面临的风险、机组人员的损失和系统的损失。

②针对每一种最终状态,制定一套正常运行的干扰因素,这些干扰因素如果得不到控制或缓解,就会导致最终状态的出现,这些事件被称为启动事件。

③利用事件树和故障树或其他逻辑图,确定从启动事件开始到结束状态为止的事件序列,从而生成事故情景。这些情景包括硬件故障、人为失误和自然灾害。

④利用所有可用证据,主要是过去的经验和专家判断,对这些情景的概率进行评价。

⑤根据预期发生频率对事故情景进行排序。

独立专家的同行评审在这一过程中扮演着关键角色。根据问题的重要性,这种审查可能会涉及国内和国际专家，偶尔也会得到工作人员的支持。例如，针对核反应堆和严重事故的首批概率风险评价就经过了详细审查[51]；美国国家航空航天局（NASA）对国际空间站的定量风险评价也接受了同行评审；美国陆军赞助的图尔化学弹药焚化炉的定量风险评价由独立专家审查，整个操作过程由国家研究理事会的一个独立委员会监督。这些审查对各自的定量风险评价产生了重大影响。有关同行评审意见的指导可参考 Budnitz 等人[52]的观点，他们认为，除非经过独立专家的同行评审，否则就不应该在决策中使用定量风险评价的见解。

3.2 定量风险评价程序

定量风险评价基于长期（通常是终生）摄入少量物质或其他制剂的情况，这些物质可能有致癌风险（包括癌症、肉瘤、淋巴瘤和白血病等）和非致癌风险（可能涉及生殖和其他毒性效应或紊乱）。在这种评价中，通常假设一个被称为"最大暴露个体"的人，在整个研究期间或一生中（假设为 70 年）都暴露在最高水平的环境中，这基本上代表了一个"最坏情景"（Worst-Case Scenario）。采取纠正措施和预防措施的理由是，通过处理这种极端情况，大多数人的风险级别都会降低。因此，针对"极端暴露"采取的措施会降低大多数人的风险，并提供更好的保护。实际上，大多数人终生暴露在类似于或高于最大暴露个体所处环境的可能性微乎其微。

对致癌风险和非致癌风险的测量和估算通常以个体生命周期内发生不利影响（通常是死亡或发病）的概率为基础。本书采用了美国国家科学院国家研究委员会最初在所谓的"红皮书"中制定的经过修改的四步方法，这已被许多国家视为风险评价的标准方法[53]，这四个步骤如下。

①危害识别：识别和量化泄漏、渗漏、事故、释放或其他情况可能发生的物质。

②剂量—反应评价：根据暴露者的特征（如年龄、活动、工作等），预测暴露于这些物质后可能产生的不利影响。

③暴露评价:检查原始物质或其转化物质可能通过的途径,特别是受体(Receptors)可能接触到的媒介(如食物、水、空气、皮肤接触物、药物等)。

④风险表征:从致癌或非致癌事件预计终生风险的角度对分析结果进行解释。

如图 3-1 所示,风险表征被置于风险评价和风险管理之中,同时风险传播也被明确确定为风险评价和风险管理的重要组成部分。这四个步骤在很大程度上依赖以前的数据、专业知识、研究和实验,尤其是毒理学方面的知识(左侧"研究领域"圆圈)。对于风险的表征,特别是对不利影响的解释,则需要运用风险管理的相关知识,如风险认知、社会价值观、经济学、政策和执行(右侧"风险管理"圆圈),以及贯穿整个步骤四和风险管理的风险传播的良好实践。

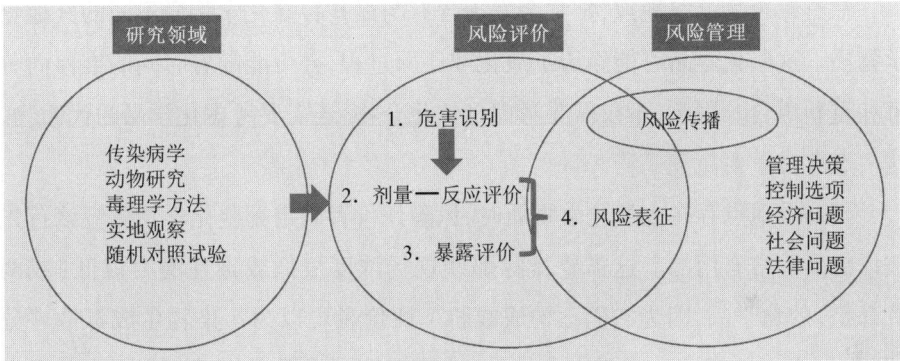

图 3-1 修正的四步风险评价模式

3.2.1 危害识别

在危害识别阶段,我们检查现场存在的化学物质或其他制剂,并提出"在不同情景下,哪些物质可能通过各种途径对暴露的个体构成危险"这一问题。在这个过程中,重要的是考虑到物质本身及它们的浓度。尽管有一些例外情况,但即使是有毒的物质,在浓度极低时也相对无害;相反,即使是必需的营养物质(如氧气和维生素),如果摄入过量或在某些条件下,也可能产生有害影响。例如,工业有毒废物意外排放到农田中,可能导致粮食、动物饲料受到一种或多种物质的污染。这些物质随后可能出现在农产品和井水中,也可能以空气污染的形式被直接吸入,或随着时间的推移作为粉尘被吸入。在第三步(暴露评价）中，我们考虑这些情景及其他多种情景，包括园艺、钓鱼、远足和孩童嬉戏。收集的原始数据来自泄漏、破裂、释放等事故现场，这些数据包括化学物种类，以及每种物质在空气、水源、食物或任何其他可能接触到人的介质中的浓度。

在危害识别步骤中，需要区分暴露于致癌结果的物质和非致癌结果的物质的情景。美国环境保护署的综合风险信息系统数据库显示了物质致癌和非致癌的标准。例如，潮湿花生中的霉菌毒素、黄曲霉毒素，如果在短时间内大量摄入，会对肝脏产生急性毒性影响；如果在较长时间内少量摄入，会增加终生罹患多种器官癌症的风险。在这种情景下，同一种物质会同时出现在致癌和非致癌清单中。

在有毒废物泄漏地点，常常会发现含有与最初存在化学物质不同的其他化学物质。这些化学品可能经历了氧化或还原过程，并可能随着时间的推移而分解和重新组合。因此，不仅需要考虑母体化合物，还需要考虑化学品的代谢物，这一点非常重要。

当一个地点存在大量化学物质时，风险评价者确定哪些化学物质应该首先被评价是非常有用的。这需要排除那些现场浓度极低或毒性潜力极低（或两者都是）的化学品，因为它们不构成威胁。评价者可以为污染物生成毒性评分（Toxicity Score，TS）。需要注意的是，这是一个非常快速的评价，仅基于两个因素：现场发现的化学品数量及其毒性。这个评价并没有考虑到可能接触这些化学品的人体剂量，当然也没有考虑到这些接触对健康的影响。毒性评分现在不像过去那样常用，因为现代数据处理系统会自动对污染物进行优先排序。毒性评分（TS）的计算方法如下：

对每种致癌物质：$TS = C_{max} \times SF$

对每种非致癌物质：$TS = \dfrac{C_{max}}{RfD}$

需要注意的是，在这里毒性评分的计算采用的是 C_{max}，即现场检测到的"最大"浓度。过去的研究通常更喜欢使用"最大值"（通常为 95% 置信度上限），但现在越来越多的研究鼓励使用"平均值"，因为它可以减少因反复使用"最坏情景"值而引起的过度误差。解释使用的是哪个值非常重要。毒性评分排序仅基于化学品在现场的最大浓度、列出的参考毒性(RfD)和斜率因子(SF),以确定哪些化学品的危害最大。在进行 TS 分析时,其目的是确定占总体风险 99% 的物质。在这个过程中,将 100 种检测到的化学品(其中大部分风险可以忽略不计)减少到 10~15 种更迫切需要评估的化学品的情景并不少见。

3.2.2　剂量—反应评价

尽管本书的目标是评价环境健康风险,但却难以获取准确的流行病学数据来评估潜在的有害物质。除了一些经过精心设计的随机对照试验(通常暴露水平很低)和少数意外暴露情况("自然实验",提供了高水平暴露的宝贵数据)外,大多数人体实验在伦理上都是不可接受的。如果没有可用的人体数据,我们将使用活体动物(体内)或实验室细胞(体外)数据。从动物或细胞的数据推断人体系统并不总是可靠的,因此,监管机构在设计暴露指南时会使用不确定系数来缩小这一误差。

致癌物通常在公众中引起高度焦虑,并与恐惧和担忧联系在一起。这在一定程度上归因于从接触致癌物到出现疾病之间的时间间隔通常很长,人们甚至无法"知道"是否已经接触致癌物,而且即使已经确诊,人们也普遍感到无法扭转或改变结果。评价致癌物质的风险需要采用与评价非致癌物质风险不同的方法。对于大多数有毒物质,我们可以确定特定剂量对某种哺乳动物或昆虫会造成致命伤害,但对致癌物的描述最好遵循"概率"发病模式。例如,有一个人 75 年来每天吸 25 支烟,却没有患上癌症,这类例子并不常见,但确实存在。一般而言,癌症通常被预测为一种可能性,而不是确定性。

引发剂(Initiator,基因毒性致癌物)可以是化学物质、放射或机械干预,破坏细胞核中的部分遗传密码,导致基因插入、删除或替换。引发剂的例子包括苯、黄曲霉毒素、苯并芘、乙醛、亚硝胺、X 射线和石棉纤维等。大多数情景下,这种损伤会使细胞失去繁殖能力,某些突变可能会导致细胞不受控制地增殖。然而,仅有受损的 DNA 是不够的。细胞必须进行繁殖(通过有丝分裂),受损基因才会导致肿瘤。细胞的繁殖可能是由于基因编程来替换组织,也可能是细胞受到刺激来修复疾病或损伤后的受损组织。任何促进细胞繁殖的机制都被认为是促进剂(Promotor,一种非遗传毒性致癌物质)。多种物质和机制都可以作为促进剂，包括盐、酒精或其他刺激物，以及任何物理损伤（如胃溃疡或手术）、化学损伤（如胃食管反流病）或任何其他刺激细胞修复的炎症。这种癌变模式的最后一步是进展（Progression），在这一阶段，细胞为了生存而相互竞争，往往导致进一步的突变和更具侵袭性的肿瘤生长。

值得注意的是，在对食品添加剂或药品的致癌性进行动物实验时，最初给予啮齿动物的剂量远远超过它们的正常摄入量。即使这种物质不是致癌物质，在动物组织中，特别是肝脏、胃、肠、肾和膀胱中的浓度非常高，几乎是有毒的，会引起这些器官的炎症，从而起到致癌作用。显然，任何引起肿瘤的过程都必须仔细评价，以确定该物质是否真的能够造成遗传损伤，或者肿瘤是否只是由于最大耐受剂量（Maximally Tolerated Dose，MTD）引起的炎症所致。

致癌物和非致癌物的风险评价在"阈值"（Threshold）的概念和应用方式上也有所不同。非致癌物具有一个浓度数值（"阈值"剂量），低于该浓度，在细胞、亚细胞或分子水平上不会检测到任何影响。大多数修复机制（如酶）存在大量相同的复制物，破坏其中几个复制物对生物体的影响很小。只有当很大一部分靶点被毒性作用消除，即超过目标剂量的某一阈值时，才会产生毒性效应。如图3-2所示，低于阈值的非致癌物剂量处于一个"安全"区域，剂量—反应曲线只有在达到或超过该水平时才会出现。当然，铅是一个重要的例外。

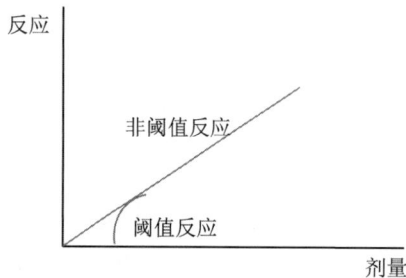

图3-2　阈值与非阈值的剂量—反应图

另一方面，至少在传统的风险评价模型中，致癌物不被认为具有阈值水平，理论上任何暴露都会产生致病效应，这被称为致癌物的线性无阈值模型（Linear No-Threshold Model，LNTM）。尽管有一些经验证据表明，致癌物确实存在这样的阈值，但LNTM仍然被认为是一个可靠的"保守"致癌物风险评价基础。当然，有一些材料值得特别注意：

①四氯化碳:摄入四氯化碳会对肝组织造成病理性损伤,但肝脏会继续正常运作,最终取代受损的细胞。到了某个阈值,肝脏就会出现功能失调,这种损害可能是不可逆转的。

②铅:传统观点认为,当血铅含量超过每100毫升10微克时,血液会抑制儿童的认知发展,而低于这个阈值的铅含量不会损害发育中的大脑。然而,最近这一观点受到了争议,一些权威机构提出了一个观点,即对于胚胎发育或任何年龄的儿童来说,任何铅阈值水平都不是"安全的"[54]。

非致癌效应包括多种机制,可导致组织损伤、功能丧失、器官衰竭和死亡。有些会直接损害细胞成分,有些则会干扰酶系统、运输机制或新陈代谢途径。大多数毒物会破坏或阻断酶的作用。近年来,人们开始关注激素干扰效应导致的生殖和生育问题、低出生体重和早产等新问题。

"剂量"(Dose)被理解为个体(动物或人)实际摄入的量,例如一次5毫克或每天15微克。在毒理学和风险评价工作中,更有价值的是"用量"(Dosage),它以"每公斤体重"为单位,将物质的摄入量标准化。通过这种方式,无论是体重90公斤的成人还是体重16公斤的儿童,我们都可以每公斤体重2毫克为物质摄入量依据。在非常谨慎的情景下,我们甚至可以以毫克/千克(体重)为单位将实验室试验动物的用量推断给人类。

特别值得注意的是,与不良效应(毒理学)相关的最低摄入量和与无不良效应(毒理学)相关的最高摄入量。此外,无观测效应水平是无观测不良效应水平的一种,它记录了不会造成任何影响的最高剂量;而最低观测效应水平是测试中观察到任何效应的最低剂量。

在引用不良效应、无不良效应等指标时,了解它们的局限性是很重要的,它们分别是已知与不良影响和无不良影响相关的最低和最高剂量。未来学者的研究可能会改变这个水平,特别是如果这个领域在这些剂量水平下还没有得到很好的研究。为这些剂量水平提供依据的研究可能使用的动物数量不足,或没有足够的时间来显示效果。统计上的不确定性可能来自对标准偏差和标准误差的不恰当使用,因为大多数毒性效应呈对数正态分布,所以不能假定围绕平均值的对称性。最后,无观测不良效应水平并不能说明个体易感性的差异。剂量—反应曲线通常表示变异程度:陡峭的曲线(如氰化物)通常表示反应强烈,个体变异性在此类化学物质的主要作用范围内作用并不显著；几乎平坦或较弱的曲线（如乙二醇）表示个体之间存在较大差异，从而降低了无观测效应水平的置信度。

3.2.3 暴露评价

在这一阶段，我们要问的是暴露者的重要特征是什么，他们暴露了多长时间、有多频繁，我们能否确定他们的暴露剂量。化学物质发生变化是一系列的事件，从在环境中意外（或有意）释放、泄漏或使用化学品开始，到该化学品的量足以对受体构成健康或生命风险。

在此过程中，重要的是确定这些化学物质发生了什么：它们是如何运输、转移或转化的，以及在何种介质（土壤、水、空气、食物、灰尘等）中发生了变化。有许多机制可以将污染物转移到另一种介质或存储地点（如土壤吸附）。化学物质变化的途径通常包括以下组成部分：

①容器：例如储罐、钢瓶、反应容器、废物处理池。

②化学物质释放：例如阀门故障、管道破裂、瓶子掉落、溢出、喷洒、侵蚀、挥发、逸散性粉尘、沥滤液。

③运输：例如自然气流、通风系统、粉尘。

④转移：例如吸附、吸收。

⑤转化：例如中和、生物降解。有些降解之后会转化为更简单、更易氧化的物质，从而降低毒性。在其他情景下，降解产物毒性可能比原来的毒性更大。

⑥接触点：受体与物质的接触点，可能是空气、暴露的皮肤、受污染的食物或水。

⑦受体：人员（如工人、旁观者、家庭/社区成员）。

⑧接触途径：进入人体（如摄入、吸入、透皮吸收）。

转化是一个复杂的问题。随着时间的推移，一个地点的化学容器可能与最初的不同。一些有毒物质可能会氧化成更简单的化合物，例如，致命的氰化氢会变成二氧化碳、氮氧化物和水。但在其他情景下，降解产物的毒性可能比原始化学品更大（例如聚氯乙烯在温度不足的情况下被焚烧）。评价风险的人员还应该意识到可能会出现多种途径的常见情况，其中一些可能会在最初的评价中被忽略。这种情景主要在农业环境中频繁出现，而在与工作场所相关的风险评价中也会出现，特别是当受污染的衣服被带离现场，来到家庭环境中时。除了确定化学物质的来源、释放机制、运输、转移和转化之外，还需要进一步了解几个细节，才能进行全面的风险评价：

①确定暴露人群（谁）。

②暴露场景的评价（如何）。

③暴露点的确定（在哪里）。

④浓度测定（暴露了多少）。

⑤受体剂量估计（保留了多少）。

物质离开原工作场所是一个极其重要的考虑因素，在许多案例中，铅、石棉和其他危险物质被携带在工人的鞋子或衣服上，再到达工人的家人或其他社区成员的环境中。将工作服带回家清洗可能会将有毒粉尘带入家中，使住户暴露（可能长期暴露），其中包括婴儿和儿童（他们接触重金属后特别容易受到永久性发育损害）。当风险规模较大且控制不力时，化学物质在更大范围内的移动就变得尤为重要。20世纪70年代中期，密歇根州有900万居民食用了受污染的肉类和牛奶，因为奶牛饲料被误加了有毒的阻燃剂PBBs（多溴联苯），并分发给了全州的农场、牧场、牲畜、肉类及在土地上种植的农作物在数年内受到污染。

"接受者"群体往往比最初设想的要更大。因此，应仔细设置情景，以包括所有潜在群体：

①使用该材料的工人。

②其他使用相同设备或工作场所的工人。

③当时或之后的一段时间在该地区的其他工人。

④发生泄漏或排放时的清理工人。

⑤可能使用该产品的社区居民。

⑥可能接触到工人衣物和设备的社区居民（尤其是家庭成员）。

⑦运输人员（司机、驾驶员、装卸工、装袋工等）。

⑧在田野、操场、后院等地玩耍的儿童。

⑨在花园工作的居民。

⑩慢跑者、散步者、游泳者、徒步旅行者。

⑪非法人员，如非法侵入者。

对于每种情景，需要列出一系列条件、特征和活动，以确定特定的工人群体或其他暴露群体成员。这些情景不应局限于正式、合法定义的群体，还应包括闯入者（如进入已经发生变化的场地捡球的儿童）。

风险评价团队应确定所有途径中所有暴露点的污染物浓度，包括地下水和地表水、土壤和沉积物，以及食物（种植、狩猎或捕捞）。未来的情景可能会有所不同，例如，目前的污染物可能会发生变化，如羽流。因此，不仅要评估基线条件，还要预测未来的变化。这需要使用转归和迁移建模方法。

如果只有介质（如土壤或水）的数据，我们可能需要进行推断，以获得物体（如蔬菜和肉类）内的预期浓度。有些生物浓缩因子值可以帮助我们进行这种转换，但最终结果还是主要取决于污染物的化学性质。

对于地下水污染物，可以使用水文地质模型来估算下游水井的未来浓度；对于释放到大气中的挥发性有机化合物，可以使用高斯扩散模型来估算下风向地区的浓度。因为涉及标准羽流扩散公式、大气混合模型和绝热率等方面，研究人员可能需要咨询有经验的专家。一般来说，数据收集和建模的工作量取决于估计风险的复杂性和严重性，并非所有风险都需要进行同等程度的分析。所有的数学模型都建立在假设之上，但在使用时必须审查这些假设的适用性，并清晰地陈述出来。同时，暴露评价还应说明所有估计值的不确定性。有时，暴露评价可用于评价或预测监管控制方案的可行性，以及控制技术对减少暴露的影响。

暴露评价阶段的最后一步是估算受体在暴露点可能接触到的不同化学品的摄入剂量。主要考虑三个暴露点：摄入、吸入和皮肤接触。化学品的摄入剂量也有不同的测量方法。

①给药剂量（摄入量或吸入量）：这是估算受体剂量的常用值。它主要是指通过呼吸空气进入肺部，或通过食物或水进入消化道的量。因此，呼出或排出的任何化学物质（如溶剂）都不会从初始摄入量中扣除。

②吸收剂量（人体吸收的量）：这是进入人体组织的物质量（即给药量减去未吸收量）。当无法获得吸收比例时，则假定吸收率为100%，并按1.00计算，

使其与给药剂量相同。

③滞留剂量(到达目标器官系统的量):这在风险评价中很少使用,但常在毒理学、药理学等研究中使用。当无法获得滞留比例时,则假定滞留量为1.00。即使可以计算滞留剂量,但现代风险评价的一个批评意见是,在一个过于简化的单室毒理学模型中,所有化学品都被吸收,然后均匀地分布到全身,对特定组织没有偏好。

下面的公式用于计算慢性每日摄入量(Chronic Daily Intake, CDI,或简称I):

$$I_{C\ or\ N} = \frac{C \times CR \times EF \times ED \times ABS \times RR}{BW \times AT} \tag{3.1}$$

其中:

I_C = 致癌物的摄入量(单位:毫克/千克/天)

I_N = 非致癌物的摄入量(单位:毫克/千克/天)

C = 接触点浓度(单位:可以是水中的毫克/升,空气中的毫克/立方米,或食物中的毫克/千克)

CR = 媒介的每日接触率(单位:可以是水中的升/天,空气中的立方米/天,或食物中的千克/天)

EF = 接触的频次(单位:天/年)

ED = 暴露时间(单位:年)

BW = 体重(单位:千克)

AT = 平均时间(单位:天)

ABS = 吸收率,如果不知道则假设为 1.00(100%)

RR = 滞留率,如果不知道则假设为 1.00(100%)

平均时间(Average Time, AT)的确定取决于评价的暴露类型。对于评价非致癌慢性影响,平均时间指的是暴露的总持续时间(以天为单位)。而对于致癌物暴露的评价,则始终使用终生暴露时间(假设为70年或25550天),以保持与斜率系数制定方法的一致性。此外,与暴露于非致癌物质的风险不同,致癌风险的性质也不同。简而言之,累积的致癌风险被认为会伴随个体的一生,而非致癌物质的风险在停止接触后会逐渐下降。在评价终生致癌风险时,摄入量通常被称为"终生平均日剂量"。

许多用于这类计算的参数（如皮肤表面积、呼吸的空气量、摄入的水量等）可以在风险评价文献中找到。而其他参数，如接触频率或持续时间，则可能因具体情况而异，需要专业判断。当然，常识也是重要的因素——例如，如果评价需要估算儿童裸露皮肤接触草坪或花园土壤的天数，那么加拿大伊利堡的数据可能与美国劳德代尔堡的数据大相径庭。

吸入空气的接触率（Contact Rates，CR）通常以立方米/时为单位，但计算摄入量时必须转换为立方米/天。在居住环境中，每天的接触时间为 24 小时。然而，在学校、工作场所或娱乐环境中，接触时间会短一些，例如，每天呼吸率为 1 立方米/小时，如果所有数据都清楚明了，计算可以写成：

$$(1m^3/h) \times (24h/d) \times (8h/24h) = (8m^3/d) \qquad (3.2)$$

然而，大多数情况下，这个计算被简化为：

$$(1m^3/h) \times (8h/d) = (8m^3/d) \qquad (3.3)$$

需要注意的是，更剧烈的活动需要使用更大的空气量，例如体力活动或锻炼。水的摄入量也是如此，如果淋浴是唯一的洗浴方式，那么 30 分钟的用水量可能过多；而在剧烈或高温的环境下（例如炼铁厂），工作时的用水量可能更大。

暴露持续时间（Exposure Duration，ED）以年为单位，表示实际持续时间。因此，如果持续时间为 6 个月，应输入为 0.5 年。如果要对混合年龄段的人口进行评估，则应将年龄中位数视为 30 岁，这也是平均暴露持续时间。这样做的理由是，如果评估的时间跨度很长，有些老年人可能一生都住在该地，而有些老年人则是最近才来到该地。对于这样一个混合群体，将 30 年作为平均暴露持续时间是最合适的。

测量观测数据（经验数据）应始终优先于标准值表，并且应始终使用。例如，在一个大部分人口来自东南亚的社区，人体测量调查显示的成人平均体重可能是 55 千克，而不是标准值 70 千克。不同国籍人口特征在年龄上也会有巨大差异。例如，日本的年龄中位数是 47.3 岁（即一半人口在 47.3 岁以下，一半人口在 47.3 岁以上），而肯尼亚的年龄中位数是 19.7 岁。

3.2.4　风险表征

（1）将慢性每日摄入量转化为风险。污染物通过各种途径进入人体，包括吸入、摄入、吸收和滞留,其数量已经估算出来。接下来,是预测对健康产生不利影响的概率并解释其影响,我们使用该物质可能致癌(斜率因子)或可能导致非致癌疾病(参考剂量)的最新指标来表征风险。

(2)缺乏流行病学数据。风险评价通常依赖于人类研究的可靠流行病学数据,这些数据通常很难获取。在伦理限制下,现代人体实验通常限于低风险试验或观察性研究。对人类接触危险物质的研究通常受限于对人在环境中接触危险物质的观察性(非实验性)研究,或对不经常发生的意外接触、泄漏、释放或其他"自然实验"的研究。在这两种情况下,数据都不够可靠或有效,无法提供精确的参考剂量。

另一个限制因素是,与小动物不同,人类在受到影响(不良影响或其他影响)之前通常会有一段潜伏期。潜伏期可能相对较长,因为人类的预期寿命长,且人类经常暴露于复杂的、无记录的化学、生物和物理混合物中,而实验动物则不同,它们的饲养也是为了减少外来遗传因素和其他潜在的混杂因素。因此,体外(试管)和体内(动物)研究是风险评价中使用的大多数斜率因子(Slope Factors, SF)和参考剂量(Reference Doses, RfD)的来源,但必须考虑动物与人类之间的外推法。

(3)浓度数据使用"平均值"还是"最大值"?在评价风险时,可以使用平均值或最大值的浓度数据,但必须明确说明使用了哪一种。使用这两种数值进行具体的风险计算可以估算出潜在的风险范围。平均值代表了对大多数人长期、慢性暴露情景的更现实的估计,而最大值则适用于较短期的亚慢性风险,提供了潜在风险的上限估计值。一些风险评估指南倾向于强调使用单一的暴露浓度估计值,该值被称为"上限",通常是数据平均值在95%的置信水平上限,以提供一个比大多数人更糟糕的风险估计值。然而,有观点认为,这导致了对潜在风险的高估,尤其是在与其他最坏情景假设一起用于定义暴露时。

(4)致癌风险计算。在致癌风险计算中,我们首先将慢性每日摄入量(CDI)乘以斜率因子(SF)或致癌效力因子(Carcinogenic Potency Factor, CPF)来估算致癌风险。这个乘积表示在特定的假设、条件和参数下,终生暴露于该化学物质的人群中患癌症的概率,单位是无量纲的。简而言之,它代表了特定暴露导致癌症的额外风险。计算公式如下:

$$\text{Carcinogenic Risk} = \text{CDI} \times \text{SF(CPF)} \tag{3.4}$$

值得注意的是,在这个公式中,单位完全抵消,留下的是一个无单位的概率值，例如 2.6×10^{-5}。这个值表示什么呢？假设一个普通人（考虑了年龄、体重等因素）终生每天饮用 2 升水，那么除了已有的约二十三万分之几的背景风险外，预计他因癌症死亡的额外风险概率为百万分之二十六。对整个人群而言，这意味着每百万人中会有 26 人因此而死亡。尽管我们可以用不同的方式来表达计算出来的风险，但我们仍然需要对这个数字进行评估：它代表了严重的威胁还是微不足道的风险？是否超过了法律或法规规定的标准或限制？

（5）使用"最小值"表征致癌风险。在评价致癌风险时，我们通常使用"最小值"来表征。致癌风险并没有明确的限制或规范标准。相反，我们根据社会确定的高于背景风险的"可操作水平"来进行粗略判断。对于普通公众来说，这个水平通常是百万分之一。然而，尽管通常在决策和目标设定中引用百万分之一的最小值，但不能假设社会或社区中的某些人总是将这个值作为关注的分界线，他们可能认为更小的风险是不可接受的，而自愿接受和忽视大得多的风险。尽管 1.0×10^{-6} 没有科学或法律依据，但我们认为超过这个值，社会就会感到不安和担忧，就会要求采取措施来纠正这种状况。

举例来说，对于二氯乙烷，增量致癌风险为 2.6×10^{-5}，是最低水平百万分之一的 26 倍。值得注意的是，这个风险只是来自水，即终生饮用这种水导致的风险，不包括其他接触或背景风险（背景风险通常更高）。换句话说，如果一百万人终生每天饮用 2 升这种水，预计将导致 26 人死亡。

（6）降低致癌风险的备选方案。降低致癌风险的备选方案包括以下几种可能的措施，针对食物、水或空气等介质。

①降低接触率：减少与食物、水、空气或其他介质的接触。

②降低介质中污染物的浓度：通过控制污染源、过滤、通风或抽风等方式，减少介质中致癌物质的含量。

③改用更安全的介质：选择更安全、更清洁的替代品。

（7）计算非致癌危害指数。计算非致癌危害指数是对非致癌风险的一种评价方法。危害指数（Hazard Index，HI）等于摄入量（I_N）除以参考剂量（RfD）：

$$HI = I_N/RfD \tag{3.5}$$

在这个公式中，单位再次相互抵消，留下的是一个无单位的概率值，即危害指数（HI）。如表 3 - 1 所示，尽管没有明确的法律或道德标准来限制毒物的水平，但一般情况下，如果 HI 超过 1.0，就被认为风险过高。在某些职业环境中，职业性接触可能会导致较高的风险，因为相关人员已经充分了解到这种风险是工作的一部分。通常认为,高达 10 的危害指数是可以接受的,但这一决定应该根据具体情况进行评价。

表 3 – 1　风险表征

风险表征示例:(空气中的 1,2-二溴-3-氯丙烷)

计算在工作场所接触 1,2-二溴-3-氯丙烷(DBCP,平均浓度为 0.004 mg/m³)时的吸入危害指数(HI)。

假设:8 小时轮班;每年 200 个工作日,持续 10 年;体重 70kg;呼吸速率 0.9 m³/h。EPA-IRIS 显示二溴氯丙烷的吸入 RfD 为 5.72×10^{-5} mg/kg/d。

$$I_N = \frac{(0.004\text{mg/m}^3)(0.90\text{ m}^3/\text{h})(8\text{h/d})(200\text{d/y})(10\text{y})}{(70\text{kg})(365\text{d/y})(10\text{y})} \approx 0.00022544\text{mg/kg/d}$$

$$HI = \frac{I_N}{RfD} = \frac{\left(2.2544 \times \dfrac{10^{-4}\text{mg}}{\text{kg}\cdot\text{d}}\right)}{\left(5.72 \times \dfrac{10^{-5}\text{mg}}{\text{kg}\cdot\text{d}}\right)} \approx 3.94$$

使用 RfC(Reference Factor Concentration)方法而不是转换为吸入剂量,计算在工作场所接触 1,2-二溴-3-氯丙烷(DBCP)的平均水平为 0.004 mg/m³ 时的吸入危害指数。DBCP 的 RfC 为 2×10^{-4} mg/m³。

$$HI = C/RfC$$

$$HI = (0.004\text{mg/m}^3)/(2 \times 10^{-4}\text{mg/m}^3) = 20$$

在这个案例中,根据 RfD 评价的 HI 值是 1.0 的近 4 倍,因此我们可以假定工人群体希望采取一些措施来降低风险。降低 HI 值至 1.0 或理论上更低的三种方案包括:

①降低接触率。例如,在工作场所只吸入 1/4 的空气(显然不切实际)。

②通过源头控制、过滤、通风、抽风等措施,将空气中的 1,2 – 二溴 – 3 – 氯丙烷浓度降至约四分之一(即 0.001 mg/m³)。

③从不同来源呼吸空气,例如使用自给式呼吸器,或为该区域提供管道通风,或搬到另一个地方。这在短期内肯定是一个不现实的解决方案。

(8)RfC 和 IUR(Inhalation Unit Risk)的用途。在本章描述的大部分工作中,我们通常通过评估呼吸速度、污染物浓度等来将外部吸入暴露量转换为吸入剂量。然而,我们也可以简单地将污染物浓度与其公布的参考浓度值进行比较,以快速计算危害指数。对于危害指数,我们可以通过浓度除以 RfC 值来计算。对于致癌物质,我们可以使用 IUR 乘以估计的终生暴露量来计算癌症风险。使用吸入剂量而非附带 RfC 或 IUR 的外部空气浓度的好处在于,它可以考虑可能会改变污染物吸收的特定暴露情景。

(9)表征同一介质中的致癌物。考虑一个社区在农村供水中 10 年接触一组 8 种水传播的化学物质的致癌情况。所有这些物质的介质(水)摄入量都是相同的,计算每种致癌物质的摄入量(I_C)值,还需要浓度值。浓度值可以参考表 3-2 中的"摄入量"栏的顶部一行。

$$I_C = \frac{(Cmg/L) \times (2L/d) \times (365d/y) \times (10y)}{(70kg) \times (25550d)}$$

$$\approx (Cmg/L) \times 4.08 \times 10^{-3} L/(kg \cdot d) \tag{3.6}$$

表 3-2 风险表征:致癌物组

名称	C_{max} mg/L	oral SF (CPF) 1/mg/kg·d	摄入量(I_C) $C \times 4.08 \times 10^{-3}$ (mg/kg·d)	风险 $I_C \times SF$
DEHP	0.50000	0.01400	0.0020400	0.0000286
七草胺	0.00045	4.50000	0.0000018	0.0000081
五氯苯酚	0.00844	0.12000	0.0000344	0.0000041
甲醛	0.00453	0.04500	0.0000185	0.0000008
1,2-二氯乙烷	0.00061	0.09100	0.0000025	0.0000002
三氯甲烷	0.00052	0.00610	0.0000021	0.0000000
灭蚁灵	0.00005	无数据	/	—
氯化苄	0.00031	无数据	/	—

将单个浓度 C 乘以 4.08×10^{-3} 即可得出每种化学品的摄入量 I_C。例如,DEHP 是一种增塑剂:

$$I_C = 0.50000mg/L \times 4.08 \times 10^{-3}L/(kg \cdot d) = 0.0020400mg/(kg \cdot d)$$

然后用摄入量乘以 SF(CPF),就得出了风险:

$$DEHPrisk = 0.0020400mg/(kg \cdot d) \times 0.01400/mg/(kg \cdot d)$$

$$\approx 0.0000286$$

现在,我们可以对每种化学物质的风险进行单独分析,以确定哪些物质具有特别高的风险,而加以控制。在这个例子中,DEHP 已经超过了最低水平 1×10^{-6} 的 28 倍,而七草胺和五氯苯酚则分别超过了 8 倍和 4 倍。其余两种致癌物质,如果分开考虑,其总含量远远低于微量标准,即使合在一起考虑,也不会超过 1×10^{-6}。如果去掉前三种成分,后两种可能是可以接受的。

(10)表征同一介质中的非致癌物。表 3-3 显示了同样 8 种化学品的非致癌接触表。水摄入量(I_N)的计算方法(省略浓度)为:

$$I_N = \frac{(Cmg/L) \times (2L/d) \times (365d/y) \times (10y)}{(70kg) \times (10 \times 365d)} \tag{3.7}$$
$$\approx (Cmg/L) \times 0.0286L/(kg \cdot d)$$

非致癌物的风险当量是危害指数(HI),用摄入量(I_N)除以 RfD 得出。例如,灭蚁灵(一种禁用的有机氯杀虫剂):

$$I_N = 0.00005mg/L \times 0.0286L/(kg \cdot d) = 1.43 \times 10^{-6}mg/(kg \cdot d)$$

然后用摄入量除以 RfD 即可得出风险值:

$$HI(灭蚁灵) = 1.43 \times 10^{-6}mg/(kg \cdot d)/2 \times 10^{-6} = 0.71500000$$

表 3-3 风险表征:非致癌物组

名称	C_{max} mg/L	oral SF (CPF) 1/mg/kg · d	摄入量(I_N) $C \times 4.08 \times 10^{-3}$ (mg/kg · d)	风险 I_N/RfD
灭蚁灵	0.00005	0.000002	0.00000143	0.71500000
七草胺	0.00045	0.000500	0.00001287	0.02574000
五氯苯酚	0.00844	0.030000	0.00024138	0.00804613
三氯甲烷	0.00052	0.010000	0.00001487	0.00148720
甲醛	0.00453	0.200000	0.00012956	0.00064779
氯化苄	0.00031	0.020000	0.00000887	0.00044330
DEHP	0.50000	11500.00	0.01430000	0.00000124
1,2-二氯乙烷	0.00061	无数据	—	—

本例的总体危害指数为 0.715,低于通常理解为 1.00 的引起关注的预期水平。同样,危害指数不是法定标准,而是根据惯例,我们假定社会愿意接受的暴露水平。在这些参数下,消费者接触水的"风险"似乎并不大,也不应该引起社会动荡。如果 HI 已超过 1.00,我们可以建议降低化学品的原始浓度(针对一种或全部),使 HI 不超过 1.00,具体做法是用原来的浓度除以 HI。

3.3 定量风险评价再审

3.3.1 风险评价过程的评判性视角

（1）过度使用"最坏情景"复合词。在每一个关键时刻，对于每一个变量和决策点，通常都会采用最高的风险水平，首先是仍然常用的最大浓度（通常是95%的界限或置信区间上限），根据现场发现的土壤、食物、水或空气中的浓度值，而不根据观测到的平均水平。

（2）毒理学参数。用于评价和估计暴露可能造成危害程度的毒理学参数来自剂量—反应曲线上的既定点（如不良反应），但随后根据不良反应—无不良反应外推法、动物—人体外推法、慢性—亚慢性外推法等进行调整。参考剂量（RfD）的调整值可能比实际观察到的最低不良效应低 2 ~ 4 个数量级。

（3）保守估计。从公众或媒体的角度来看，"保守"一词的使用进一步混淆了问题。在日常使用中，这意味着数值略低于预期，或小于从数据中得出的可能平均值。然而，在风险评价领域，"保守估计"旨在表达一个已被提高的值，通常是高于平均值95%的置信上限。一旦理解了这一点，原因就很清楚了：如果我们对最大暴露个体的风险进行评价、表征并采取行动，我们就能保护绝大多数其他人群。假设的"最大暴露人群"一生都生活在污染物浓度最高的地方，或者经常食用受污染最严重的食物和水。例如，根据 Vallero[55] 的估计，美国发电厂最有可能产生的致癌风险，对于普通暴露个体而言，要比计算出的最大暴露个体低 100 到 1000 倍。

Keenan[56] 在 *Risk Analysis* 期刊上撰文指出，人们越来越倾向于通过复合最坏情景来夸大风险。虽然美国环保局的最大暴露个体（Maximally Exposed Individual, MEI）计算公式是一个有用的工具，但必须记住，当应用于可能遇到的风险时，其相关性是有限的。按暴露程度分层的多重风险估计是一个有用的选择。Keenan[56] 提供了一个反复使用"保守"假设的绝佳例子，即对纸浆和造纸厂污泥施用于农作物种植的二噁英危害进行评价。在对一个自给自足的家庭成员一生的癌症风险进行估算时，假定该家庭的每个成员在一生中（以70年计），每天食用的农场生产的牛肉、猪肉、鸡肉和奶制品，以及用受污染的大豆喂养的鲶鱼,都超过3.7千克。以此估算出的鱼类的生物累积系数比文献中发现的最大值高出30多倍,污泥中二噁英的含量比数据中显示的水平高出40倍。官方的致癌风险在0.01左右。但是,如果将肉类/鱼类的"合理日摄入量"定为每天1千克(或所用估计值的1/4),并同样考虑其他数值的"合理"水平,那么官方估计值可能比基于现实或合理数值的估计值高出10万倍之多。

此外,使用信息量更大的参数(如算术、几何平均数或中位数)和随机(如蒙特卡罗)技术,以提供更现实的概率范围/分布,而不是最大确定性估计值。

(4)缺失的转化和传输机制。在早期的风险评价阶段,我们可能无法准确预测污染物和环境毒物的走向,因为许多生物、生化和物理因素会影响它们在土壤、腐殖质中,以及受到阳光和天气影响的情况下的状态[56]。例如,对于焚化炉释放的二噁英(TCDD)蒸汽,尽管其半衰期约为90分钟,但土壤和飞灰中的二噁英可能具有长达12~50年的环境半衰期。同时,间接途径也可能被忽略,例如,污染物沉积在牧草和牲畜身上,随后进入乳制品、蛋类和肉类中。

(5)不当的统计假设和方法。环境和职业数据通常不服从正态分布,而更常见的是对数正态分布。如果数据分布为对数正态分布,但未进行适当的转换,当风险评价要求标准偏差或95%的置信区间时,结果可能会被高估。另外,如果在某地点的大多数样本中未检测到污染物,过去的分析方法可能会使用最低检测限,前提是该物质可能位于该置信水平区间。为避免这种高估,可以采用Travis等人[57]提出的方法。

(6)滥用人体测量参数表。在风险评价中常使用现有的人体测量和暴露数据,但如果有实际测量数据,则应优先使用。例如,成年人的平均体重并非都是70公斤。此外,在观察性研究和随机试验中,通常忽视了不同性别在暴露、新陈代谢和不良反应方面的差异。

(7)非致癌物质的"添加"模式值得商榷。一些权威机构将单个物质的非致癌风险称为"危害商数"(Hazard Quotient, HQ),而"危害指数"(Hazard Index, HI)则是该介质或该接触中存在的所有物质的风险总和($HI = \sum HQ$)。无论使用哪种术语,采用标准的加法模式(即危害指数是所有研究物质的"综合"指数)都很难解释。因为每种毒物通常针对特定的器官系统或某个组织产生影响,将几个不同目标系统的不良影响相加,在生理学上没有意义。举例来说,如果二甘醇的危害商数为0.5,甲醇的危害商数为0.4,百草枯的危害商数为0.3,那么总的危害指数将为1.2,这表明存在不可接受的不良健康影响,需要采取补救措施。然而，由于二甘醇的代谢副产品草酸针对肾小管，而百草枯对肺部有急性影响，甲醇会损害视神经，因此这三个 HQ 值的总和就是对人体不利影响的真实指标是不合理的。一种方法是将非致癌物质按所针对的器官系统分组，并为每组制定一个 HI，例如，对肺部或神经系统有影响的所有毒物。

（8）遗漏与背景风险的关系。经计算出的某种不利影响或增量风险的暴露本身，可能会成为公众和媒体关注的焦点，而忽略了同一结果的背景风险。在许多情景下，计算出的整个人口的背景风险远远大于正在研究的增量风险，而且无论对目前的挑战采取何种补救措施，背景风险几乎保持不变。为了进行客观和建设性的规划、评价和补救，应该对增量风险和背景风险进行对比。

（9）需要考虑变异性和不确定性。由于其预测性质，风险评价过程的每一个环节都伴随着不确定性。在估算过程中，数值和概率的安全系数和调整都包含其中，但重要的是，在进行任何风险估算时，都要讨论可能存在的不准确性和解释，特别是在得出最终风险或危害指数时所采用的全部假设。

不确定性和变异性的来源不同，应分别报告和处理。真正的变异性来自变量在其"自然状态"下的特征，也就是说，如果我们描述的是从一个人群中抽取的样本，那么作为样本的目标人群中的每个成员都带有正常的、预期的生物变异性。我们不能减少或消除这种生物变异性，因为这样做就等于改变了选择的标准，样本将不再代表人群，我们将使选择出现偏差，并使任何结果变得虚假。我们无法改变生物变异性，但我们可以测量它，并通过置信区间确保在分析中考虑到它。真正的不确定性可能来自信息缺乏、数据集规模不足、样本量太少导致无法实现有效测量或数据缺失。

此外，评价者需要充分认识到，各渠道信息的不确定性。例如，媒体为了提供公平、平等的表达，可能会对问题的正反两方面代表进行讨论或采访，表面上向受众展示了 50% 比 50% 的代表性，然而，全球专家的实际共识可能是99.2%比 0.8%，但这种媒体"公平"的尝试实际上会加强对少数派的支持，因为他们现在已经被灌输了这样一种思想，即两派的意见大致相当。

导致潜在误解和无意误导的另一个因素是"保守估计"一词的使用。在风险评价的语言和含义中，与日常用法不同，"保守估计"是对风险和导致估计因素的夸大。不了解这一概念的人可能会认为，如果这是风险的"保守估计"，那么风险可能要大得多。

3.3.2 确定性与随机性

到这一阶段为止,计算得出的是确定性的风险估计值,即以单一数值表示的数据值,是在预测方法允许的范围内的最佳估计值。许多风险评价仍在使用这种模式,为摄入量计算中的每个变量输入单点值:体重、持续时间、接触率等。然而,点估算是不灵活的,无法提供变量的分布、范围和特征等信息。例如,是否所有受试者的体重都接近 70 公斤? 确定性技术也很少提供有关最终风险估计值的不确定性和变异性的信息,更无法将两者区分开。

通过使用概率分布来代替每个点估计值,可以部分解决这些缺陷,这一过程被称为随机建模。随机建模将变量视为数据分布,并从每个分布中随机选择值。每个变量都有自己的特点,第一步是确定每个分布的形状。例如,所研究人群的体重可能是对数正态分布或 Weibull 分布,而接触率(以升/天为单位)最好用直方图。商用软件可帮助从可用数据中识别并"最佳拟合"每种分布。然后,其他软件组件通过进行数以万计的迭代计算来计算摄入量,每次从每个分布中随机抽取一个单独的值。在这一过程结束时,最终结果可能是每个分层或百分位数、四分位数、五分位数等的概率范围。"蒙特卡罗"和"拉丁超立方"是两种随机化程序,它们使用不同的概率算法从每个分布中抽样。

以下是一些已发表的随机应用实例:

(1)Thompson 等人[58]评估了儿童摄入土壤中的一种致癌污染物的暴露情况。在影响致癌物质摄入量的 17 个参数中,有 12 个是以概率分布而不是单点值的形式输入的。

(2)Evans 等人[59]研究了甲醛的致癌风险,但报告称第 50 个百分位数和第 90 个百分位数之间的模型不确定性估计值非常大。

(3)维多利亚大学(不列颠哥伦比亚省)的研究人员调查了加拿大人因食品和饮料而导致的终生超额癌症风险的差异。利用 Monte Carlo 技术,他们发现两种物质(铅和 PERC)的超额风险低于百万分之十,而其余三种物质(砷、苯和多氯联苯)的超额癌症风险至少有 50% 的人口高于百万分之十[60]。

(4)Bollaerts 等人[61]研究了引起沙门氏菌病的摄入细菌细胞数。他们根据 20 次沙门氏菌爆发的数据,使用两种"自举"方法建立了剂量—疾病关系模型。第一种方法考虑了随机变异性,而第二种方法则考虑了随机变异性和数据的不确定性。结果表明,如果病原体与食物的组合矩阵毒性极强,则低剂量时易感人群的患病风险(概率)较高,而如果组合毒性较弱,则高剂量时患病风险较高。

(5)在 COVID-19 大流行初期,Xie[62] 使用 Monte Carlo 技术通过建模预测了 SARS-CoV-2 病毒在澳大利亚的传播情况。8 个关键参数和假设如下:

①模拟研究的观察期(天数)。

②模拟研究的模拟期(天数)。

③平均繁殖或感染率(即每个现有感染病例将产生的继发病例的预期数量:Rt)。

④现有感染人群中易感者的平均或预期天数负二项分布的均值参数。

⑤负二项分布的分散参数。

⑥研究或目标人群规模。

⑦人群中具有免疫力的人数比例。

⑧观察或模拟期之前感染者的初始数量。

3.4 案例分析

案例一:美国环保局召回砷含量超标的水

2007 年 3 月 7 日,美国环保局针对一个东欧国家的进口瓶装水向消费者发出警告,并向供应商、销售商和批发商发出召回通知(ProMED)。

该产品是绿色玻璃瓶装的 500 毫升矿泉水,每升含有 500 ~ 600 微克(μg)的砷。标签上有 30 多个品牌名称,但都来自同一个生产商。根据美国食品和药物管理局的标准,瓶装水的砷含量不应超过 10 微克/升。因此,要求召回该产品并停止销售,但生产商和进口商认为这一要求不合理。

假设一个人终生(70 年)每天饮用 2 升这种水,砷的浓度为 500 微克/升(0.5 毫克/升),成人体重为 70 千克。根据 EPA-IRIS 关于无机砷的 RfD(参考剂量)为 3.0×10^{-4},我们可以计算出砷的非致癌终生平均日剂量(Lifetime Average Daily Dose, LADD):

$$I_N = \frac{C \times CR}{BW} = \frac{(0.5mg/L) \times (2L/d)}{70kg} \approx 0.01429 mg/(kg \cdot d) \quad (3.8)$$

$$HI = \frac{I_N}{RfD} = \frac{0.01429}{0.0003} \approx 47.63 \tag{3.9}$$

挑战：

(1)根据此处显示的计算结果,环保局的召回行动是否有效?

(2)一位记者要求您解释,一个人每天可以长期饮用多少这种水,并且仍能保持在环保局的安全标准范围内。

(3)您如何评价环保局提出的标准? 是否足够? 是否过量?

解答：

(1)根据提供的计算结果,我们得出砷的非致癌终生平均日剂量(LADD)为 0.01429 mg/(kg·d)。这个剂量远远高于美国环保局(EPA)关于无机砷的参考剂量(RfD)0.0003 mg/(kg·d)。危险指数(HI)计算结果为 47.63,远远超过 1,表明存在显著的健康风险。因此,美国环保局的召回行动是有效且有必要的。召回含高浓度砷的瓶装水是为了保护消费者免受健康危害。

(2)为了确保饮用水中砷的摄入量不超过 EPA 的安全标准(RfD),我们需要计算一个人每天可以安全饮用的水量。

已知：

• $RfD = 0.0003$ mg/(kg·d)

• 体重(BW) = 70 kg

• 水中砷浓度(C) = 0.5 mg/L

通过以下公式计算：

$$I_N = \frac{C \times CR}{BW}$$

$$CR = \frac{I_N \times BW}{C} = \frac{0.0003 \ mg/(kg \cdot d) \times 70 kg}{0.5 mg/L} = 0.042 L/d$$

即一个人每天可以长期饮用 42 毫升这种水,砷的摄入量仍能保持在 EPA 的安全标准范围内。

(3)EPA 提出的瓶装水砷含量标准为每升不超过 10 微克,这是一个严格且审慎的标准。该标准基于长期健康风险评价,旨在保护公众健康,特别是考虑到砷的潜在致癌和非致癌影响。

EPA 的标准是基于现有的科学证据和风险评价方法制定的,具有科学合理性。相比于瓶装水中砷含量达到 500 微克/升的情况,EPA 的标准显得非常严格,但这是为了确保公众在长期饮用过程中不会暴露于有害水平的砷。因此,可以认为 EPA 提出的标准是足够且必要的,并不是过量的,而是适当的预防措施。

综上所述,EPA 的召回行动和标准是合理的,旨在最大限度地减少公众暴露于有害水平的砷的风险。

案例二:鄱阳湖挥发性有机物调查

中国最大的淡水湖——鄱阳湖,在调节长江水位、涵养水资源和维护周边地区生态方面发挥着重要作用。在一项精心设计的研究中,Qin 等人[63]对该湖地表水中的挥发性有机化合物进行了研究。

针对湖中的化学污染物,进行了如表 3-4 所示的致癌和非致癌风险计算,考虑了皮肤接触和摄入接触。确定并研究了 10 种非致癌溶剂及当地工业产生的其他污染物(其中 4 种是已知的致癌物质)。

表 3-4　化学污染的致癌和非致癌风险

污染物	致癌风险			非致癌风险		
	摄入风险	接触风险	总风险	摄入风险	接触风险	总风险
1,1-二氯乙烯				1.28×10^{-7}	5.36×10^{-7}	1.28×10^{-4}
二氯甲烷	1.32×10^{-6}	5.55×10^{-9}	1.33×10^{-6}	1.10×10^{-1}	4.62×10^{-4}	1.11×10^{-1}
顺式-1,2-二氯乙烯				8.33×10^{-5}	3.50×10^{-7}	8.37×10^{-5}
三氯甲烷				1.75×10^{-2}	7.33×10^{-5}	1.76×10^{-2}
苯	7.60×10^{-7}	3.19×10^{-9}	7.63×10^{-7}	5.06×10^{-2}	2.13×10^{-4}	5.09×10^{-2}
溴氯甲烷	5.76×10^{-7}	2.42×10^{-9}	5.79×10^{-7}	5.65×10^{-2}	2.37×10^{-4}	5.68×10^{-2}
甲苯				1.27×10^{-2}	5.33×10^{-5}	1.28×10^{-2}
二溴氯甲烷	8.24×10^{-8}	3.46×10^{-10}	8.27×10^{-8}	1.03×10^{-4}	4.32×10^{-7}	1.03×10^{-4}
氯苯				6.26×10^{-5}	2.63×10^{-7}	6.29×10^{-5}
乙基苯				1.06×10^{-4}	4.45×10^{-7}	1.07×10^{-4}

挑战:

从分析结果中找出任何可能需要采取补救措施的致癌和非致癌污染物,包括单独的、按途径合并的,或所有污染物合并的情况。

解答:

分析致癌和非致癌风险的污染物

（1）致癌风险分析

致癌风险的接受标准通常设定为 1.00×10^{-6} 到 1.00×10^{-4}。超出该范围的致癌风险可能需要采取补救措施。我们从表 3-4 中致癌风险数据分析如下：

①二氯甲烷

- 摄入风险：1.32×10^{-6}
- 接触风险：5.55×10^{-9}
- 总风险：1.33×10^{-6}

②苯

- 摄入风险：7.60×10^{-7}
- 接触风险：3.19×10^{-9}
- 总风险：7.63×10^{-7}

③溴氯甲烷

- 摄入风险：5.76×10^{-7}
- 接触风险：2.42×10^{-9}
- 总风险：5.79×10^{-7}

④二溴氯甲烷

- 摄入风险：8.24×10^{-8}
- 接触风险：3.46×10^{-10}
- 总风险：8.27×10^{-8}

在这些致癌物中，二氯甲烷的总风险 1.33×10^{-6} 接近或略高于接受标准的上限，因此可能需要进一步评估和采取措施。

（2）非致癌风险分析

非致癌风险的接受标准通常是危害指数（Hazard Index, HI）小于 1。如果 HI 大于 1，则可能需要采取补救措施。表 3-4 中的非致癌风险数据分析如下：

①1,1-二氯乙烯

- 总风险：1.28×10^{-4}

②二氯甲烷

- 总风险：1.11

③顺式-1,2-二氯乙烯

- 总风险：8.37×10^{-5}

④三氯甲烷

- 总风险：1.76×10^{-2}

⑤苯

- 总风险：5.09×10^{-2}

⑥溴氯甲烷

- 总风险：5.68×10^{-2}

⑦甲苯

- 总风险：1.28×10^{-2}

⑧二溴氯甲烷

- 总风险：1.03×10^{-4}

⑨氯苯

- 总风险：6.29×10^{-5}

⑩乙基苯

- 总风险：1.07×10^{-4}

在这些非致癌物中，二氯甲烷的危害指数明显大于1，显示出潜在的健康风险，可能需要采取补救措施。

由此，基于以上分析，我们可以得出以下结论：

- 致癌风险：二氯甲烷的致癌风险1.33×10^{-6}需要进一步评估并采取可能的补救措施。

- 非致癌风险：二氯甲烷的非致癌风险1.11明显超出安全限值，需采取补救措施。

因此，针对鄱阳湖水体中的化学污染物，二氯甲烷作为一个关键污染物，因其高致癌和非致癌风险，需要优先进行处理和控制。

4 定性风险评价

虽然本书着重介绍了定量风险评价方法,但在各种工业、教育和商业等组织的评价和决策中,定性风险分析方法也得到了广泛应用。定性分析方法以相对方式描述风险,而不需要进行复杂的计算或概率推断。有时可能会使用数字,但主要是为了将风险进行排序,以确定补救或解决方案的优先顺序。本章介绍了以下定性方法的示例和应用:预先风险分析(Preliminary Risk Analysis, PRA)、失效模式与效应分析(Failure Mode and Effects Analysis, FMEA)、故障树分析(Fault Tree Analysis, FTA)、管理疏忽与危险树(Management Oversight and Risk Tree, MORT)、危险与可操作性分析(Hazard and Operability Study, HAZOP)。这些定性方法支持各种环境分析风险的应用场景。

4.1 研究背景

随着数字经济时代的兴起,新的数字技术增强了系统的复杂性,并引入了新的潜在因素。在这些复杂系统中,事故通常由功能完善的组件之间的相互作用引起。特别是在设计创新的多技术解决方案时,由于缺乏故障数据或用户经验,数据非常有限,仅限于某些特定的应用,事故模型和安全工程技术并不能覆盖所有新技术和操作方面。因此,对系统危险的主动分析和控制变得越来越重要。定性风险分析方法在使用危险工艺的行业和其他危险系统中已经得到广泛应用,因为它们能够识别未发生过的事故原因。在独特的新技术系统中,分析应该从识别所有潜在的危险事件和情景开始,然后评价这些事件和情景有多大可能发生。

通常情况下，风险评价可以用于支持系统生命周期各个阶段的决策，从概念设计到运行和维护，再到最终的再利用或拆除。这是一个包括风险识别、分析和评估的整体过程。用于分析风险的方法可以是定性、半定量或定量的[64]，具体所需的详细程度取决于应用的具体情况、数据的可用性和可靠性，以及组织的决策需求。某些工业部门等应用领域可能会因法律规定的方法和分析详细程度而异。在风险管理过程中，定性和定量风险分析是两个专门针对公司特定需求的分析方法。一般来说，定性风险分析应该针对所有风险、所有项目进行，而定量风险分析则根据项目类型、项目风险及可用于定量分析数据的可用性来确定。

然而，在进行定量风险评价时，可能会遇到信息不足、缺乏数据或人为干扰等问题，或者可能并不总是需要进行全面的定量分析[65]。在这种情况下，由了解各自领域的专家进行半定量或定性的风险比较可能更为有效。在定性分析过程中，应清楚解释所有术语，并记录所有标准的依据。

定性风险评价使用预先确定的评级表对风险进行优先排序[66]。这些评级表基于风险发生的概率或可能性，以及风险发生后对项目目标的影响进行评分。通过使用"高""中"和"低"等重要程度来定义概率、损失和风险等级，定性分析将概率和损失结合起来，并根据定性标准评估由此产生的风险等级。影响程度由评价者定义，例如采用1—5级的评估，其中5级表示对项目目标的最大影响。举例来说，在环境安全工程中，定性分析可能使用"低""中"和"高"来表示危害发生的可能性，并使用"致命""重伤"和"轻伤"来表示危害的严重程度。

上述内容中一个关键问题是：定性风险评价中所使用的定性因素或衡量标准是什么？定性因素或衡量标准是观察出来的，通常无法用数字结果来衡量。例如，一些工程和科学措施是定性的，专家判断也可以是一种定性措施，而人为因素是涉及定性属性和环境问题的重要问题之一。为了回答这个问题，接下来的章节将介绍定性风险评价的特征、方法和应用。

4.2 定性风险评价表征

4.2.1 定性风险评价的应用

风险评价提供的信息用于决策,但它本身并不提供解决方案。决定所评价的风险是否可接受,或者是否需要采取保障措施,仍然是风险管理者或决策者的任务。长期以来,食品安全、健康和环境领域的风险管理者和政策制定者主要依赖定性风险评价。

在委托风险评估员进行正式风险评价时,选择定性风险评价的原因可能包括以下几点:

(1)认为定性风险评价完成起来更快、更简单。

(2)认为定性风险评价更容易被未受过数学训练的风险管理人员或决策者理解。

(3)认为定性风险评价更容易向第三方解释。

(4)个人偏好,更类似于风险管理者过去进行的非正式风险评价方法。

(5)实际或认为缺乏数据,风险管理者认为不可能进行定量评估。

(6)现有的风险评价缺乏数学或计算技能和设施。

无论原因如何,这些看法并不总是正确的。无论采用哪种方法,数据的收集、记录和参考都是风险评价中最耗时的部分,这一点可以从表4-1中看出。

虽然定性风险评价用主观术语描述不希望发生的结果的可能性,但这并不意味着风险管理人员更容易理解或向第三方解释这些结论。定性和定量风险评价都需要数据,硬性数字数据在两种评价中都是首选。缺乏适当的关键数据会对这两种评价产生不利影响。如果因此无法进行定量风险评价,那么定性风险评价得出的结论可能非常不确定。虽然定量和定性评价都需要同等程度的逻辑性和相应的计算能力,但定性评价确实需要较少的数学和计算资源,速度更快。

表4-1 风险评价的最低要求概述

要求	解释
1)风险评价必须透明。	风险评价报告必须清晰明了,并有充分的参考依据。
2)必须界定并明确说明要解决的危害。	在环境风险评价中,危害通常指损害人身安全或社会安全的因素。
3)风险评价所评估的风险必须定义明确。	这就意味着要提出具体的"风险问题",包括确定所关注的结果(后果)。
4)必须确定并清楚描述从相关危害到相关结果的潜在路径(即必要的事件序列)。必须充分说明该路径中的步骤详情(如检测是否存在隐患)。	这些路径基于达到所定义结果必需的要求。在风险评价中,这些路径通常为一系列步骤,以图表的形式展示。
5)必须收集途径中每个已确定步骤的信息(数据),以评价该步骤发生的可能性。这些信息(数据)必须清楚列明并有充分的参考依据。	信息(数据)可以是定性的,也可以是定量的,视可用性而定。评估人员应尽可能彻底地搜索相关信息。
6)对于路径中已确定的每个步骤,利用信息(数据)来评价该步骤发生的概率。应包括有关不确定性和变异性的信息。	这是一个以定性术语(如高、低、可忽略不计的风险)或定量术语给出的概率。同样,有关不确定性和变异性的信息可以是叙述性的,也可以是数值性的。
7)尽可能全面地评价和描述从危害到确定结果的完整事件路径的总体概率。	对于定量风险评价,这一阶段将以数学方式计算。对于定性风险评价,这一阶段可能只能通过总结风险途径中各个步骤的结果来实现。

4.2.2 定性和定量风险评价的互补性

对于完全定量的风险评价,定量与定性的区别相对容易理解。通过适当的数学组合,将估计的暴露概率与估计导致特定结果(如感染、临床疾病或死亡所需的病原体剂量)结合起来,得出总体风险的最终数字估计值。这一过程是定量风险表征的主要步骤。

然而,在定性风险评价中,没有数字暴露与数字剂量反应估算的数学结合,两种概率都在主观文本中描述。在某些情景下,可能通过逻辑推理将两者结合,进行类似数学推断的分析,但这在某些情况下可能非常困难或不可取。在这种情况下,定性风险评价步骤很可能只是总结风险评价不同阶段得出的主要结论。一般来说,要充分了解总体风险的可能性、后果和不确定性,就必须查阅完整的风险评价报告。因此,从概念上理解风险评价的整体过程与风险表征描述的具体步骤之间的区别可能会更加困难。

如表4-1所示,风险评价的主要原则同样适用于定性和定量风险评价。这些原则包括确定危害、界定风险问题、划定风险途径、收集数据和信息(包括关于不确定性和可变性的数据和信息)、以合乎逻辑的方式合并信息,以及确保所有信息都有充分的参考依据并具有透明度。因此,包括收集数据在内的许多活动是相同的。通常,定性风险评价会在初期进行,只有在认为有必要时才进行定量风险评价。

然而,定性评价有时可以为风险管理者提供所有必要的信息。例如,收集到的数据可能显示风险实际上接近于零。或者,反过来说,证据可能表明风险显然大得不可接受,或一个或多个后果不可接受,以至于需要采取保障措施。定性风险评价也可能为风险途径提供必要的洞见,使风险管理者能够在不进一步量化的情况下做出决定或采取保障措施。在这种情况下,风险管理者可以决定不必进行定量评价。

在某些情况下,进行定性风险评价可能是为了方便后续的定量评价。例如,它可以用来确定当前可获得的数据及其不确定性,以判断量化是否可能增加价值;它可用于识别数据不足的领域,从而为未来的数据收集研究确定目标;它可用于调查多种风险途径,如暴露途径,为应用量化确定优先次序。

无论最初的意图是什么,一旦进行了定性风险评价,定量风险评价的大部分工作实际上已经完成。对于同一个风险问题,可以基于风险途径和已收集的数据进行数字评估。

4.2.3　定性风险评价的主观性

总体来说,用"高"、"中"、"低"或"可忽略不计"等术语来评价概率是主观的,因为不同的风险评价者对这些术语有各自的理解[67]。这些术语的含义因人而异,其程度也难以确定,这是对定性风险评价的一大批评。然而,这些评价人员的估计不应被孤立地看待。即使是定量风险评价的最终数字结果，有时也会忽略其背后的主观因素。

对于定量风险评价，很多人可能没有直接理解相关计算的知识基础。他们需要依赖风险评价员的解释和意见，来理解结果是如何得出的，以及其中的假设、判断和不确定因素。如果风险评价员擅长沟通，这种方法是可行的。只有这样，风险管理者才能真正理解量化结果的意义和影响。相较之下，只要定性评价撰写得透明且合乎逻辑，大多数人都能理解并跟随其中的论点。即使撰写得不好，风险管理者也能识别出问题。因此，通过审查完整的风险评价报告，风险管理者(和其他人)可以直接判断是否同意风险评价员的结论。由于风险评价的主要目的是向风险管理人员提供信息以帮助其决策，因此，只要执行得当，这两种方法都应同样有效。

然而，如果风险评价者对某一风险的定性描述(如"低风险")与风险管理者在相同信息下的描述(如"极低风险")不一致，这种情况又该如何处理呢？考虑到风险管理者、利益相关者等人使用风险评价的方式(即理解整个证据体系)不同，可以看出，这实际上并不重要。无论他们用什么词语来描述风险的大小，他们都会根据所提供的证据做出决定。

在这种情景下，问题就来了：在定性风险评价中使用主观描述性术语还有意义吗？尽管词语的含义存在主观差异，但人们使用这些词语的方式通常存在某种一致性。例如，如果99%的人口可能感染某种病原体，大多数人会认为这是"高"风险。相反，如果某种病原体从未被证明会感染人类，即使接触水平很高，检测灵敏度也很高，大多数人可能会用"非常低""极低""可忽略不计"等词语来描述这种风险。因此，这些描述可以大致说明风险的大小。这也说明了此类描述的另一个用途，即通过这些描述确定风险的优先级。在一组相关风险中统一使用评价者的文本估算，对这些风险的排序非常有用。

有学者建议，在定性风险评价中使用"高""低""极低"等术语时，应给出这些术语的数字定义[68]。但是，除非同时进行了定量风险评价，否则所评估风险的实际数值是未知的，无法将其准确地纳入数字分类系统。如果已经进行了定量风险评价，就不会有这个问题，只需报告数字估计值。然而，在某些情景下，可能会要求风险评价者选择一些数值，用来确定自己描述的数值边界。值得注意的是，即使进行了量化，风险也不一定在这些数值边界之间——这是风险评价者的判断。因此,定性评价的精确度不应过高。通常,对证据的正确理解往往更为恰当和有用。

不过,在某些情景下,文本定义可能特别有用,例如用"可忽略不计"来描述风险大小。定性风险评价中"可忽略不计"的定义是,就所有实际目的而言,这种风险程度在定性上与"零"无异。实际上没有使用"零"这个字,因为如果风险最终被量化,无论多小,都不会是零——因此使用了"可忽略的"一词,而不是"零"。

4.3 定性风险评价程序

4.3.1 定性风险问题及解决路径

风险评价的核心是确定"风险是什么",然后探讨"风险有多大"[69]。无论是进行定性还是定量评价,都必须将这个核心问题转化为一个或多个具体的"风险问题",并明确相关的危害和后果。

具体的风险问题通常是利益相关者之间,特别是风险管理者和风险评价者之间讨论的结果。风险问题的最终形式通常经过反复推敲,可能会随着信息的增多而改变。然而,在风险评价过程的早期阶段,就应确定一个初步的风险问题,以便启动评价过程。

如表4-1所示,风险途径描述了从相关危害到相关结果(后果)的潜在路径,即这些后果发生所需的事件序列。通常,这些途径在图表中以一系列步骤的形式最为清晰地呈现出来。

对于定性和定量评价来说,阐明和描述这种途径同样重要,因为整个风险评价的结构是基于这种模式的。根据风险途径中确定的步骤,确定需要收集和纳入的适当数据。数据的呈现顺序及所需的概率和结论的确定,都依赖于对风险路径中基本步骤的理解。明确提出风险途径的重要性怎么强调都不过分。本章将反复强调这一点,并在后面的案例研究中加以说明(见4.5的案例研究)。

通过这种方式,风险评价的过程不仅变得更加系统和透明,也有助于确保所有相关因素都得到了充分考虑,从而使风险管理者能够做出更为明智的决策。

4.3.2 定性风险的计算

(1)数据要求

在定性和定量风险评价中,使用的数据可以是数字信息或文字信息。数据可分为两个基本类别:用于估算模型输入参数的数据和用于描述风险途径的数据。

首先,关于用于描述风险途径的数据,无论是定性还是定量风险评价,这些数据通常以文字叙述的形式获得。例如,通过在农场或食品加工厂的讨论和观察,可以明确风险途径的各个步骤。为了使这些描述更加清晰,通常会将其转换成图表,并构成模型框架的基础。

对于定量风险评价,模型输入参数必须是数值数据。如果缺乏数值数据,则需要采用一些方法克服这一问题,例如,将专家意见转换成数值格式。此外,如果存在不确定性和变异性,并且进行的是随机风险评价,则必须在数学计算中将这些不确定性或变异性作为概率分布纳入。如果某一输入参数有多个数据来源,则必须以适当的数学方式对这些来源进行加权或合并,以反映它们在估算相关参数时的重要性。

对于定性风险评价,在可能的情况下,其仍然依赖于数字数据来提供模型输入。不能因为是定性评价,就放松对信息和数字数据的搜集。此外,如果关键的数字数据不足,可以再次利用专家意见。主要的区别在于如何处理所获得的数据和专家意见。

(2)数值输入

定性风险评价的目的是估计风险途径中每一步发生的概率。为了更准确地估算这些概率,应尽量使用定量数据,并以最有用的格式呈现。

例如,如果检测了已知数量的样本(微生物 M),并发现其中一些样本呈阳性,那么最好同时列出实际数量和阳性百分比。这样,从百分比推断 M 阳性的概率会比从两个单独的数字推断更容易。在可能的情况下,应该通过简单的数字运算,将原始数据转换成更有用的格式。

这意味着,即使在整体定性风险评价中,某些风险途径步骤也可以用数值来表示。如果能用数值表示这些步骤,应尽量涵盖相关数值。然而,需要注意的是,这些简单的估计值可能与定量风险评价中的估计参数不完全一致。这种不一致可能是多种原因引起的,包括多个数据集、不确定性和变异性,以及专家意见的使用方式。

(3)多重数据集的处理

当几项研究提供了某一输入参数的数据,但各研究结果不一致时,定性风险评价通常不会将这些数据用数学方法结合起来。相反,应该报告每项研究及其结果,并根据具体风险评价对每项研究的重要性进行评估。

通过数学方法将多个数据集组合成单一输入参数,可以精确估计模型中该步骤发生的概率。然而,无论是定性还是定量风险评价,对每项研究重要性的评估通常基于风险评价人员或选定专家的意见,因此可能会带有主观性或出现偏差。尽管定量评价中的参数看似精确,但可能无法准确反映实际情况,这些潜在的主观性和偏差可能隐藏在数学模型的加权平均中。

相比之下,定性风险评价通过单独介绍各项研究,避免了这个问题。读者可以清楚地看到多种可能性,并理解对各研究相对重要的评价是主观的,可能存在偏差。

(4)不确定性和变异性的处理

在风险评价过程中,处理不确定性和变异性是至关重要的。定量风险评价中,不确定性(对参数真实值了解不足)和变异性(事件或其他差异的实际变化)通常通过具体方法进行量化处理,例如使用概率分布或情景分析(如平均值、最坏情况等)。这些方法能够以数字形式反映不确定性和变异性。

定性风险评价同样需要考虑参数的不确定性和变异性[70]。例如,如果数据提供了范围或具体分布,这些信息应在风险评价中呈现。然而,即使有这些数值数据,定性风险评价中也没有具体的方法能够准确保留和反映每个输入参数的不确定性和变异性。因此,对于不确定性和变异性的总体评价,采用叙述性和描述性的方法。

不确定性的一个常见原因是,唯一可用的数据与评价的具体情景不完全相关。例如,这些数据可能来自不同的国家和不同的文化背景,或者缺乏具体描述。再如,风险评价中涉及微生物种类 M,亚种 S,如果关于微生物亚种 S 的数据较少,但有一些关于微生物 M(未指定亚种)的数据,在定量风险评价中,必须判断这些未指定的数据是否足够代表亚种 S。如果这些数据被使用，结果可能会准确但不精确（如果亚种差异较大）；如果不使用，可能会导致数据不足（如果实际包括亚种 S）。这一决定基于风险评价员或专家的意见，是主观的。因此，应利用所有可用数据并评估其相关性，从而避免丢失或过度重视数据的极端情况，这也提高了结论的透明度。

此外，还有其他类型的不确定性，如模型不确定性，即导致不希望结果的具体步骤[71]。在定量模型中，可以通过不同的途径，并根据风险评价员或专家的意见对其进行加权平均（如同处理多个数据集），来考虑这种不确定性。在定性风险评价中，描述不同的途径，最好用图表表示，并报告模型的不确定性，讨论替代方案。因此，这两种方法的优缺点与合并多个数据集的方法类似。

（5）专家意见的采纳

在某些关键领域严重缺乏数据且需要紧急进行风险评价时，利用专家意见是必要的。这涉及如何选择和确定专家、需要多少专家、获取信息的技术方法及如何克服偏见等问题。目前，这些方法仍在不断发展中。

理想情况下，应该使用"足够数量"的专家。然而，在全球范围内，某些特定主题的专家可能极其稀少，甚至可能只有一位，有时甚至根本没有真正的专家。这导致无论是定性还是定量风险评价，都必须使用具有高度不确定性的输入数据。这种情况虽然远非理想，但有时是短期风险管理的唯一选择。在定性风险评价中，这种不确定性的影响尤为显著。

在定量风险评价中，必须将专家意见转化为数字输入数据，为此有各种方法正在开发中[72]。在定性风险评价中，也可以使用这些方法，并且通常可能是首选方法。然而，另一种在定性风险评价中使用专家意见的方法是用叙述性术语（如"高""低""可忽略不计"等）来表达对特定步骤概率的意见。这些术语的含义可能存在主观性问题，读者在评价结果时需要基于他们对所选专家的信任度。从理论上讲，这种方法只是一种临时措施，直到有了更好的数据为止。

（6）不相关数据的应用

在定性风险评价中，所用数据应仅包含与所评价风险相关的信息。报告中不得包含无关信息，因为这会模糊主要问题，降低评价结论的透明度。

例如，如果要评价食品 P 的风险，这种风险是由生产 P 的牲畜物种 S 中存在的微生物 M 造成的，那么风险评价应包括所有有助于估算从 S 到人类消费 P

过程中各步骤存在 M 的概率和数量的数据,不应包含那些尽管存在但在评估这些概率时未使用的微生物 M 的信息。

在数据收集过程中,往往会收集到多于最终所需的数据。有时直到评价工作接近尾声,才会明确某些步骤究竟需要哪些数据。这会诱使人们将收集到的所有信息都包括在内,无论其是否相关。

对于每条收集到的信息,风险评价人员都应自问:在得出风险水平的结论时是否需要使用这些信息? 如果答案是否定的,则应从最终报告中删除这些信息。只保留相关数据,可以确保风险评价的清晰度和透明度,使得读者能够准确理解和评估风险结论。这种做法不仅简化了报告,还增强了结论的可信度。

(7)数据呈现的排序

在定性风险评价中,有两种替代方法可以用于提供数据。

①按风险路径步骤分类:在报告中,风险评价路径的每一步都有一个独立的章节介绍相关数据,并紧接着报告该步骤的推断概率。

②按数据分类:数据部分包括所有使用的数据,并进行分类;然后是评价部分,依次说明路径中每一步的推断概率。

表述格式的选择可能取决于评价的复杂程度,以及多个步骤是否必须使用相同的数据。无论使用哪种方法,都应尽可能按照"逻辑"顺序报告数据,并与用于阐明风险途径的图表相关联。

第一种方法:在风险路径的每个步骤中直接提供相关数据。风险评价中的章节或标题应说明所评估的步骤。例如,如果该步骤要求估算微生物 M 在牲畜物种 S 中的发生概率,那么所有相关数据应集中在一个章节中,其标题应明确指示该概率的估算;在每一节中,也应使用逻辑顺序排列数据,这与进行定量风险评价时在数学上使用数据的顺序相似,这种比较可以作为良好的"逻辑检查"。

第二种方法:为了避免过多重复数据,所有数据都在开头列出。每个相关方面的所有数据都集中在同一标题下(如物种 S 中微生物 M 的流行信息或食品 P 的生产工艺信息等),通常还附有章节编号,以便日后查询。在估算每个步骤的概率时,通过章节编号等方式引用适当的数据。即使采用这种格式,数据部分也应尽可能按照与风险路径相关联的逻辑顺序排列。

每项定性风险评价的细节都不尽相同,每项评价都会有其特定的问题,涉及如何以最翔实、最合乎逻辑的方式提供数据。在本章的案例研究中,给出了第一种方法的示例。

这两种数据呈现方法，可以确保风险评价报告的结构清晰且逻辑紧密，从而提高数据的可读性和理解度。

（8）结论的透明度

定性风险评价应清楚地说明每项风险估计是如何得出的。这意味着，在描述风险估计和得出的结论时，需要明确得出任何特定结论所使用的数据。

具体的格式可以有所不同，取决于风险评价的复杂程度及风险评价者的偏好。常见的格式包括：

- 表格式：左侧一栏列出数据，右侧一栏给出相应的风险结论。
- 章节总结格式：在每个数据部分末尾设置摘要或结论部分。

表4-2和表4-3分别展示了这两种格式在总体风险问题中的具体步骤。"在C国，由于食用了感染了微生物M的牲畜物种S的肉，人类因微生物M生病的概率是多少？"针对这一课例，这两种格式都采用了上一节所述的第一种方法，即在风险路径的相关步骤中提供数据。如果采用的是第二种方法，则应提及数据所在的章节，并在必要时进行简要概述。

无论采用哪种格式和方法，都必须清楚地说明如何利用现有数据得出风险估计值，数据和结论之间必须有紧密且明显的联系。

表4-2　风险评价和结论相关数据的表格格式

估算步骤：在C国随机选择的物种S感染微生物M的概率是多少？

数据可用性	风险评价员对该步骤的风险估计和结论
1）据报道，微生物M在C国S种的流行率为35%（Smith and Jones，1999）。	有研究表明，在Y国随机选择的物种S感染微生物M的概率为中等到高。
2）据报道，微生物M在R地区（C国的一个区）的流行率为86%（Brown，2001）。	不过，这两项研究表明，不同地区的情况可能有很大差异。
3）就微生物M而言，R地区与C国其他地区相比，在地理或人口方面没有特别的差异（Atlas of World Geography，1995）。	此外，这些调查的时间可能表明微生物M在C国的流行率在上升。
4）据报道，C国牲畜监测计划中使用的微生物M诊断测试灵敏度为92%，特异度为99%（Potter and Porter，1982）。	报告中使用的诊断检测参数不会改变这些结论。

表4-3　风险评价和结论相关数据的章节格式

第X节　感染微生物M后,人类健康受损的概率是多少?

可提供的数据

没有发现微生物M的具体剂量反应数据。

C国卫生当局提供了以下数据(National Health Reviews, 1999—2002):

据报告,这一时期的发病率为每年每百万人口22例。

每年每百万人中有22例,相当于每年人口的0.0022%

C国的临床发病率记录和报告系统被认为质量极高。

专家意见表明,一旦出现临床症状,患者很可能会去看医生(*Journal of Microbial Medicine*, 1992)。

感染病例多见于年轻人或老年人(*Journal of Microbial Medicine*, 1992)。

通过基于实践的血清学检测中的一项监测研究表明,C国35%的人口接触过微生物M并已发生血清转换(Hunt,et al.,2001)。

这是一项全国范围的统计代表性研究。

结论

数据表明,C国接触微生物M的人数相当多,但临床疾病的发病率却很低。专家意见表明,由于缺乏医疗从业人员的参与,临床疾病报告不足可能是造成这种情况的原因。因此,总体而言,在感染微生物M的情况下,人类健康受损的概率可能很低。C国具体数据的不确定性水平似乎很低,因此这一估计值具有合理的确定性。

不过,数据也表明,特定人群患临床疾病的风险较高,特别是老年人和年轻人。从现有数据来看,还无法说明这种风险可能会高出多少。

　　(9)综合各步骤得出总体结论

　　在定性风险评价中,与定量风险评价不同的一个重要阶段是综合各步骤得出总体结论。对于两种评价方法,危害表征描述过程都应确定可能的后果范围及其潜在的严重程度。然而,在定量风险评价中,通过计算每个相关序列的数学概率来得出总体结论。如果风险路径 i 到 n 中的步骤的概率为 P_i 到 P_n,那么将 P_i 到 P_n 的值相乘即可得出风险的估计值。

　　但是,试图用定性术语进行类似的计算常常会导致逻辑错误。这是因为概率被定义为介于0和1之间。因此,即使是定义为高的概率,一般也会小于1,最大值为1。这意味着一连串的概率相乘,要么始终保持相同的大小(如果下一个数字是1),要么变小。以一个包含四个步骤的风险评价为例,对每个步骤都进行了概率估算。表4-4展并比较了定量评价和定性评价。然而,将定性描述"相乘"的尝试经常会忽略这种数学类比,如果最终估算结果作为中间阶段的概率出现,就会将中等甚至高等的风险赋予最终估算结果。在这种简单的情况下,最多只能说最终的风险估计值必须与最低的单个概率估计值一样低或更低。如果这种"计算"是可能的,并且符合逻辑,那么它可能是有用的。然而,有许多原因可能导致无法做到这一点。

表4-4 定量和定性风险评价估算方法的比较

定量风险评价 R1		定性风险评价 R2	
概率	计算	概率	计算
0.1		低	
0.001	$0.1 \times 0.001 = 0.0001$	非常低	低×非常低→非常低或更低
0.5	$0.0001 \times 0.5 = 0.00005$	中等	…×中等→进一步降低
0.9	$0.00005 \times 0.9 = 0.000045$	高	…×高→进一步降低
$R1_{final} = 0.1 \times 0.001 \times 0.5 \times 0.9 = 0.000045$		$R2_{final} =$ 非常低或更低	

在定性风险评价中,经常会有一些步骤具有很大的不确定性——这往往是首先进行定性风险评价的原因,而这种不确定性不太可能被量化。在许多步骤中,可用数据的不确定性非常大,以至于试图"计算"最终估算值并不能提供更多信息,反而变得毫无意义。

模型的不确定性可能存在,即模型的部分或全部描述了几种可能的路径。在任何一种情景下,以任何合乎逻辑的方式将这些多种途径的定性概率结合起来以得出总体估计值几乎是不可能的。

在估算每个随机人口的概率时,例如特定饮食风险群体中每种食品的污染概率或每个人的患病概率,风险管理者可能需要的是每个时间段内结果的总概率,即考虑到每年食用的总份数或坚持特定饮食习惯的人数。在这种情景下,类似的定量乘数是概率(P,范围从 0 到 1)和整数(I,范围从 0 到某个最大值)。将定性概率与定性估计总数相乘,有时可能会得出合理的推论(例如,估计的数字非常大,以至于某种结果几乎不可避免),但一般情况下不可能出现这种情况。用一个描述总体概率的指标来比较两个或多个可选结果,如"每个项目的低概率×许多项目"与"每个项目的高概率×少数项目",其结论有较大的不确定性。

为了克服这些问题,人们提出了几种方法,有时会在定性风险评价中以文本结论的主观性来概述:风险评价员分配数值,用这些数值来确定他们自己描述的数字边界。如果每个步骤都这样做,那么从这些范围中取平均值就可以计算出总体概率。然而,本章也指出了与这种方法相关的一个问题,即这是风险评价者的判断,风险不一定在这些数字区间中。此外,在不确定因素较多的情景下,这些指定的风险值不可能很容易地反映出这一点。

　　一种经常用到的方法是将定性推断分配到一个矩阵中,然后任意地将总体描述符分配到各种组合中。表4-5说明了这种方法的应用。风险管理者往往对这种矩阵很有好感,认为它们有助于澄清问题。然而,由于不同组合的结果是任意分配的,因此无法确定整个矩阵中评价的风险大小顺序是否正确,从而失去了透明度。更重要的是,关于每个估计值的不确定性程度的信息也会丢失。

表4-5　定性风险矩阵方法

行代表每个"项目"的评估概率(例如,在C国,每个软奶酪食用者每年接触微生物M的概率)。列代表"项目"的评估可能数量(例如,C国食用软奶酪的可能人数)。

矩阵定义了每年人口暴露的总体可能水平。

	少	一般	多
低	低	中	高
中	低	中	高
高	中	高	非常高

　　有时,人们会考虑用决策树来总结评价结果。也就是说,对于每一步可能的风险推断,都会确定一些具体的行动。然而,这是一种风险管理工具,不是风险表征描述工具。

　　因此,出于这些原因及在具体情景下显而易见的其他原因,"计算"总体风险往往是不可取或不可能的。在这种情景下,按逻辑顺序总结每个步骤、途径等的个别结论,包括对不确定程度的估计,就成了风险表征描述过程,所提供的信息构成了整个风险评价的有用简述,上述案例研究说明了这一点。

4.4　定性风险评价方法

4.4.1　预先风险分析(Preliminary Risk Analysis, PRA)

　　这是最简单的定性风险分析工具,适用于在评价开始时数据有限、参数较少的情况[73]。它有两种形式:线性或描述性形式,以及电子表格形式。预先风险分析会提出以下问题:任务是什么? 可能会出现什么问题? 这些意外事件发生的可能性有多大?

（1）线性/描述性初步风险分析

如表4-6所示，本例涉及疫苗的运输，疫苗必须在冷链条件下处理，即在运输或储存期间温度不得超过-15 ℃（-5 ℉）。运输时间通常为5小时，隔热容器的设计可将-15 ℃的温度保持12小时。

表4-6　疫苗运输预先风险分析

项目标题和说明：在12小时转运期间维持疫苗冷链。		
该过程将涉及哪些内容？	任务/事件/流程描述及分析依据	通过空运和陆运运输疫苗，同时在专门设计的隔热容器中保持-15 ℃（-5 ℉）的冷链温度。
危害识别	可能出现哪些故障或错误？为什么/如何/何时/何地/可能发生？导致每种故障或失灵的因素是什么？	故障：温度超过-15 ℃，原因如下：延迟或集装箱在途中损坏。
风险分析/表征描述	故障发生的可能性有多大？（=概率）后果会是什么？（=损失）是否有控制措施来检测/减少这些影响？	A) 延尺：延误超过12小时的情况并不常见，但会受到外部不确定因素的影响，如交通、天气、事故、改道、车辆故障等。概率：中等。损失：(疫苗损失)严重。B) 损坏：集装箱可靠。概率：低。损失：(疫苗损失)严重。
风险降低/消除	如果事件发生，怎样减少损失？	可在途中使用固体二氧化碳，或转用其他车辆。
风险预防与控制	如何预防故障事件？如何为故障事件做好准备？	减少不确定性：更好地规划路线、设备、应急措施。安排备用设备，对相关人员进行培训。
风险监控与记录	我们应该监测哪些因素/指标？我们应该在哪里监测？何时监测？	持续监测集装箱内的温度（最低+最高）。使用校准过的最低/最高数据记录器，在运输开始、过程中和到达时下载数据。
风险传播	在所有阶段（规划、实施、评估），传播系统是否确保所有利益相关者都能获得及时、有效和清晰的信息？	所有沟通，尤其是个人认知和尽职调查，都要清晰、简洁、直接。

（2）表格形式的预先风险分析

这种形式的预先风险分析可以根据"概率×损失"计算出简单的严重性或令人担忧的"风险指数"，以帮助确定优先事项和分配资源。如表4-7所示，地方卫生当局正在评价危险病原体从生物安全等级4（BL4）实验室传播到工作人员手上或衣服上的风险。

表4-7 危险病原体传播预先风险分析

项目标题和说明：评估设施中BL4病原体的风险						
1	2	3	4	5	6	……
风险ID	危险、故障或失灵	后果	诱因	发生概率[P]	损失/严重性[M]	风险指数
	什么情景会失败？	预计会发生什么？在哪里发生？如何发生？	哪些共同因素可能导致故障？	按从低（1）到高（5）的等级评分	按从低（1）到高（5）的等级评分	计算P×M	……
A	可存活的生物安全4级病原体通过工作人员的手、衣服、包等从实验室场所泄漏。	病原体在72小时内感染工作人员，并传播到实验室工作人员的家庭、社区、学校等。	实验室工作人员培训不足	1	4	4	……
B			对实验室工作人员监管不力	2	3	6	……
C			有缺陷的危险防护服或手套箱	3	3	9	……
D			安全系统故障（协议被绕过）	4		16	……

注：第六栏之后将扩展到预防性控制、备选方案、监测行动等。

在表格中，风险指数是两个任意量表变量（通常为1~5）的数值乘积，缺乏外部可信度，但有助于确定问题的轻重缓急。数字只是相对的。例如，风险ID

[C]为有缺陷的危险防护服或手套箱(风险指数=9)，比[B]监管不力(风险指数=6)有更直接的危险，但又不如[D]不遵守既定规程/程序，即"安全系统故障"(风险指数=16)。

此外，也可以用"热图"直观地显示结果(如图4-1所示)，将各个风险因素放在网格上，用颜色或交叉线标出优先级的高低。

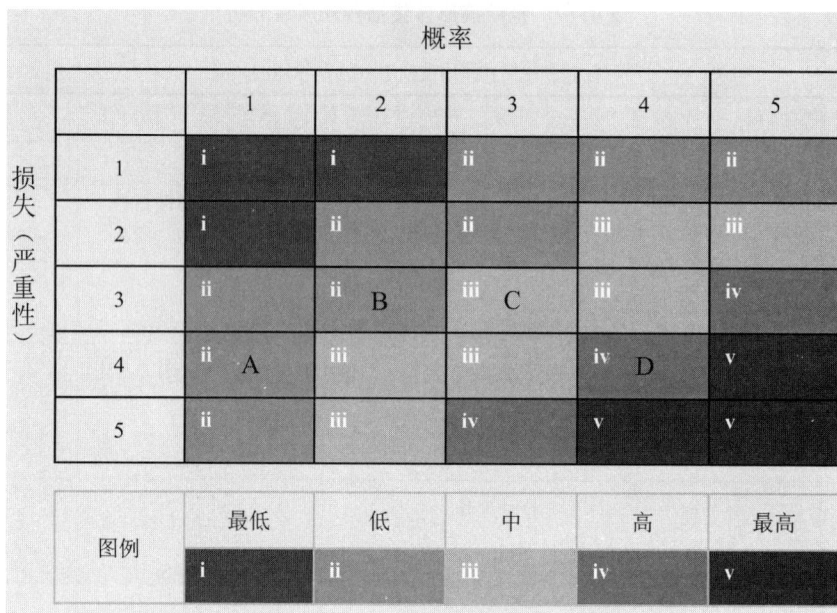

图4-1 描述相对风险程度的"热图"

4.4.2 失效模式与效应分析(Failure Mode and Effects Analysis，FMEA)

这种方法可应用于任何规模的风险，可以分析整个项目或流程，也可以分析每个项目单独的组件，小到一个开关、一个热电偶或一个O形环。失效模式效应分析是使用最广泛的风险评价方法之一[74]，通常以电子表格完成。较简单的分析通常会忽略这一点，但从众多领域和学科的案例研究经验来看，对故障或异常的认知或识别最初往往会被遗漏或错误归类，从而导致整体风险程度的增加，并因延误或错误决策而造成更严重的后果。

在表4-8所示的分析中，风险优先序号(Risk Priority Number，RPN)可以解释为适当的应对措施，表4-9给出了解释示例。

表4－8　失效模式与效应分析

失效模式与效应分析（Failure Mode and Effects Analysis, FMEA）							
项目	某乡村医院的深井供水自动加氯器						
风险问题	加氯器无法为医院提供安全用水的风险有多大？						
加工步骤	故障模式	故障影响	故障机制	可能性（L）	损失（S）	检测性（D）	RPN
预期功能正常	怎么会失败			1＝低 5＝高	1＝低 5＝高	1＝容易 5＝不容易	L×S×D
游离氯浓度保持在百万分之二	无电力	不安全的水＝患病风险	在设备中	2	5	5	1a＝50
			区域停电	2	5	3	1b＝30
	次氯酸盐供应耗竭	不安全的水＝患病风险	缺乏监控和供应	3	5	4	1c＝60
	低氯警报器失灵（如已安装）	不安全的水＝患病风险	传感器或警报器故障	1	5	5	1d＝25

显然，表4－8中的风险1b和1d被视为"中等"，但风险1a是"主要"，风险1c是"重要"，需要采取具体行动，表4－9给出了风险等级的解释。

表4－9　风险优先序号解释

RPN	风险等级	需要采取的行动/对策
90～125	极其危险	必须立即采取补救措施
60～89	重要威胁	优先补救
40～59	主要威胁	在目标完成日期前进行补救
18～39	中等威胁	应尽快补救
1～17	低度威胁	需要采取补救措施，不要置之不理

4.4.3　故障树分析（Fault Tree Analysis, FTA）

上述的定性风险评价模式回答的问题是："什么地方会出错？出错的可能性有多大？出错的后果是什么？"故障树分析则回答了一个略有不同的问题："哪些因素和事件可能导致所研究的故障？"因此，它是一种"根源分析"（Root Cause Analysis, RCA）系统，用于确定可能导致或促成作为分析对象的"首要事件"的线索。故障树分析最初是贝尔实验室于1962年为美国空军开发的，后来被航空航天、汽车、化工、核能和软件行业采用。

故障树分析法是一种图解模型，它与前面章节中介绍的概率树完全不同[75]。在故障树分析法中，故障事件或问题结果位于顶端，并通过"门"与可能直接或间接影响、促成或加剧我们正在研究的问题的各层因素或事件相连，这些因素使用标准化的形状或图标进行描述。

在故障树分析中，矩形表示需要进一步分析的主要问题，菱形表示可进一步解决的问题，但不是当前分析的重点。圆圈是我们需要找出并采取行动的"根本原因"。流程和故障通过"且""或"门连接起来。"且"门表示所有事件都必须存在才能导致上面的故障，而"或"门表示下面的任何事件都足以导致上面的故障。

图4-2所示的故障树分析针对的是我们在之前内容中提到的一家乡村医院的供水问题。虽然系统的机械故障仍有待制造商解决，但医院（操作人员的培训和监督）和地方当局（易受停电影响）的根本原因已经查明。

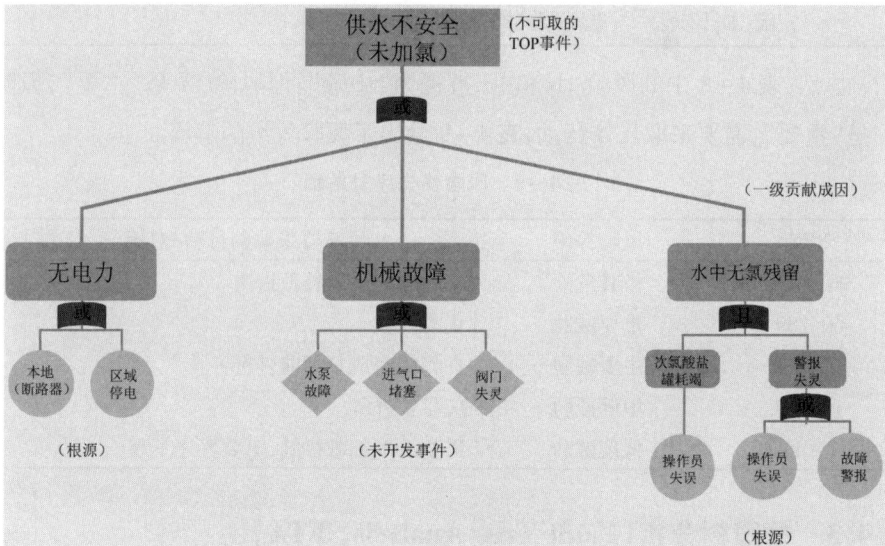

图4-2　故障树分析

4.4.4　管理疏忽与危险树(Management Oversight and Risk Tree, MORT)

管理疏忽与危险树分析始于20世纪70年代中期，源于一项帮助美国核工业实现高标准健康和安全的计划。在管理疏忽与危险树分析的情景中，事故被定义为产生伤害或损害(即损失)的计划外事件[76]。当有害物质接触到人或资产时,就会造成损失。管理疏忽与危险树分析的大部分工作集中在发现流程中的问题,以及与之相关的保护屏障的缺陷上,然后对已发现的问题进行分析,以确定其源于规划或设计阶段,或源于政策和程序。

管理疏忽与危险树分析首先按顺序确定关键步骤。每个步骤都被视为:(1)一个易受攻击的目标;(2)在缺乏足够障碍的情景下,暴露在伤害因素之下。障碍分析是这一过程的关键,而管理疏忽与危险树图则是一个"提示"清单,使分析人员能够关注这一过程中发现的每个问题。如图4-3所示,其使用的颜色代码如下:

①红色,发现问题。

②绿色,相关问题已得到圆满解决。

③蓝色,相关问题缺乏适当评价所需的信息。

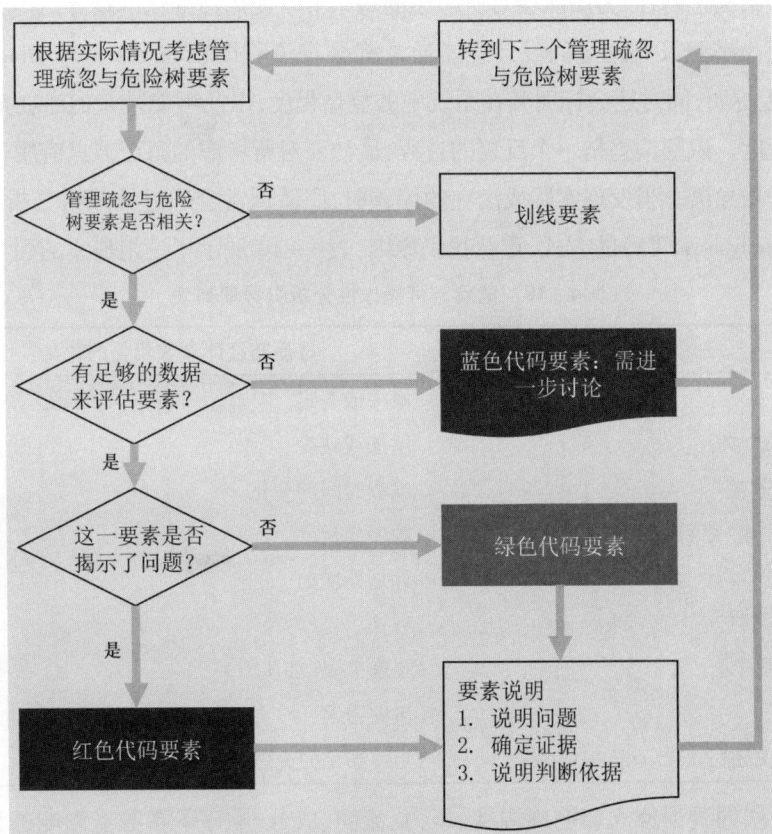

图4-3 管理疏忽与危险树图

4.4.5 危险与可操作性分析(Hazard and Operability Study, HAZOP)

危险与可操作性分析最初是在 20 世纪 60 年代开发的,用于分析化工生产系统和批量流程,现在也被用作审查更广泛复杂系统的基础,包括炼油厂、核电站运行、反应堆退役及软件系统和开发。

危险与可操作性分析是对一个项目或操作进行的系统调查,目的是识别和评价潜在的问题或与最初设计或工程的偏差,这些问题或偏差最初可能没有考虑到,而且可能无法通过正常的检查表和计算来发现[77]。整体流程设计通常被分解成较简单的部分,其称为"节点"的子流程,可进行单独检查。

多学科危险与可操作性小组通常由多学科人员组成,定性危险与可操作性分析可激发经验丰富参与者的想象力,以确定操作中的潜在危害和问题。这种方法是半结构化的,因为团队会对所考虑的每个节点使用标准化的指导语提示。

每个节点及其指定的设计意图通常都会在流程图(Process Flow Diagrams, PFD)上标明,同时还会标明其在系统中的复杂程度,以及可能带来的潜在危害的严重程度。识别偏差是一个反复的过程,最初要对所考虑的每个节点应用一套标准化的指导语。当发现实际或潜在的偏差时,团队通常会通过故障树分析(Fault Tree Analysis, FTA)的方式,重新找出原因,表 4 - 10 展示了一组典型的引导词。

表 4 - 10 危险与可操作性分析引导词列表

引导词	与预期设计参数相关的含义
"否"	缺失或否定
"多"或"少"	增加或减少
"早"或"晚"	编程时间的变化
"之前"或"之后"	顺序变化
"以及"	计划外增加
"而不是"	替换
"不相等"	平衡失误(如压力)
"反向"	流向错误
"紧急关闭"	不可预见的突然停止

这些词语促使人们明确温度、压力、流向、成分、顺序等参数受影响的程度,以及影响的范围和后果。引导词与设计参数相匹配,且应不具特异性。

对于发现的每一个偏差,都要确定可行的原因和可能的后果,并确定现有的保障措施是否足够(必要时采用其他风险分析步骤),决定是否需要额外的保障措施来将风险降低到可接受的水平。

在图4-4所示的连续流高温短时巴氏杀菌工艺中,分流阀(Flow-Diversion Valve, FDV)是一个关键节点。它是将未充分加工的牛奶立即重新导入散装(输入)罐并进行再加工的手段。如果"没有"分流,或分流"过迟"(危险与可操作性关键词),后果将是未充分加工的(部分未加工的)产品分发给消费者,从而带来健康风险。

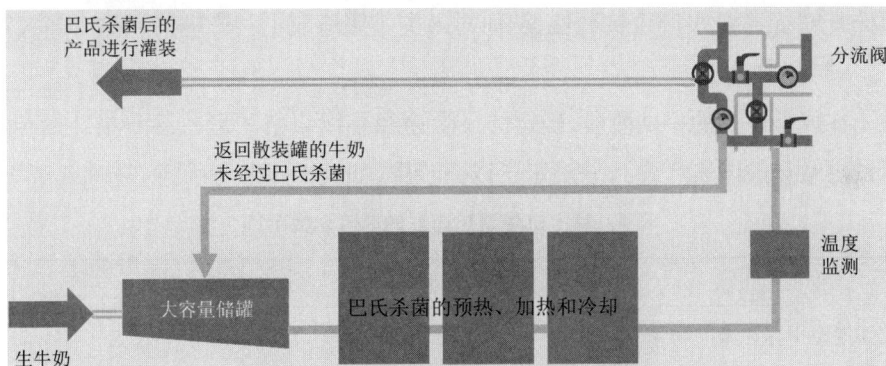

图4-4 危险与可操作性分析流程图

4.5 案例分析

(1)案例背景

以下示例是对抗生素耐药性对人类健康风险的定性风险评价的一个简化版本[78],用以说明前文提到的许多原则。该示例用以评估微生物M菌株S对抗生素A产生抗药性后对人类健康的风险,特别是因抗生素A在农场牲畜中的使用而导致的风险。评价涵盖了一个特定区域内的风险,该区域分为不同的地区,每个地区都有独特的生物和法律特征。示例中体现了定性风险评价方法的许多原则,尤其以下几点:

①风险问题的定义。

②风险途径的描述。

③数据呈现的顺序。

④定性风险评价的数字输入。

⑤处理不确定性和可变性。

⑥与风险评估无关的数据。

⑦得出风险结论的透明度。

⑧结合各个步骤得出总体结论。

(2)风险问题

具体的风险问题是:在农场牲畜中使用抗生素 A 作为兽药,导致微生物 M 菌株 S 对抗生素 A 产生抗药性,从而对人类健康造成不利影响的风险有多大?

(3)风险途径

在风险评价的早期阶段,确定的风险途径是以表格的形式逐步描述的(而不是更常见的图表形式),并确定了以下步骤,如表 4 – 11 所示。

表 4 – 11　抗生素抗药性的风险途径示例

潜在的风险途径
农场牲畜中存在微生物 M 菌株 S。
使用了抗生素 A。
由于使用了抗生素 A,一部分微生物 M 菌株 S 产生了抗药性。
结果:由于在牲畜中使用抗生素 A,牲畜中一部分微生物 M 菌株 S 对抗生素 A 产生了抗药性。
微生物 M 菌株 S 仍存在于食物链的各个阶段,直至供人类食用的最终产品。
微生物 M 菌株 S 可通过其他途径被人类摄入。
结果:微生物 M 菌株 S(其抗药性比例)被人类摄入。
人类被微生物 M 菌株 S 感染或定殖。
人类因微生物 M 菌株 S 生病。
因微生物 M 菌株 S 生病的人接受抗生素 A 治疗。
由于抗药性的存在,一些患者没有反应或反应较差。
结果:由于抗药性的存在,一部分微生物 M 菌株 S 患者的治疗效果不如预期,也就是说,对健康产生了不利影响。

通过提出一系列问题来评估这些步骤发生的可能性,有些问题还进一步细分为若干子问题。对于每个问题或子问题,尽可能收集可用数据,以估计概率。然后,针对每个问题给出合理的结论,以评估该步骤发生的概率。

表 4 – 12 列出了风险评价中提出的问题和子问题清单,以及在该风险途径中收集的数据所使用的其他章节标题。这些问题和数据均以风险途径为基础,数据按逻辑顺序排列,以便有序地估算出风险途径中必要生物步骤的概率。

表 4 – 12 定性风险评价问题和子问题示例

1 由于在农场牲畜中使用抗生素 A,这些牲畜中存在对抗生素 A 具有抗药性的微生物 M 菌株 S 的概率是多少?

   1.1 相关地区的农场牲畜中存在微生物 M 菌株 S 的概率是多少?

      1.1.1 有关微生物 M 菌株 S 在该地区农场牲畜中流行情况的信息。

   1.2 使用抗生素 A 本身会产生抗药性吗?

   1.3 微生物 M 菌株 S 在(该地区)农场牲畜中产生抗生素 A 抗药性的可能性有多大?

      1.3.1 有关该地区农场牲畜使用抗生素 A 的信息。

      1.3.2 从本地区农场牲畜中分离的微生物 M 菌株 S 对抗生素 A 产生抗药性的信息。

2 人类接触源于农场牲畜的抗生素 A 型微生物 M 菌株 S 的可能性有多大?

   2.1 微生物 M 菌株 S 从农场牲畜到人类接触的直接食物链途径。

      2.1.1 关于微生物 M 菌株 S 通过直接食物链从动物到人类的可能性的信息。

      2.1.2 关于动物源性食品受该动物源性微生物 M 菌株 S 感染/污染的可能性的信息。

      2.1.3 关于在直接食物链中发现的微生物 M 菌株 S 对抗生素 A 产生抗药性的可能性的信息。

   2.2 除通过直接食物链外,微生物 M 菌株 S 可能通过哪些途径从牲畜体内传播,导致人类感染?

   2.3 有哪些非牲畜来源的微生物 M 菌株 S 可能会污染食物链、环境或人类接触微生物 M 菌株 S 的任何其他途径? 除农场动物外,微生物 M 菌株 S 产生抗生素抗药性的其他途径是什么?

3 食物链中动物产品微生物 M 菌株 S 定殖/感染人类的概率是多少?

   3.1 摄入受微生物 M 菌株 S 污染的动物源性食品的概率,以及其中含有感染剂量的概率。

      3.1.1 关于摄入概率的信息。

      3.1.2 携带感染剂量的概率信息。

   3.2 从人类身上分离出的微生物 M 菌株 S 源自农场牲畜的概率。

   3.3 微生物 M 菌株 S 感染人类的概率。

4 由于在农场牲畜中使用抗生素 A,最初从这些农场牲畜中分离出的微生物 M 菌株 S 对抗生素 A 产生抗药性,由此对人类健康造成不良影响的可能性有多大?

   4.1 人类微生物 M 菌株 S 分离物对抗生素 A 产生抗药性的概率。

   4.2 人类感染微生物 M 菌株 S 需要使用抗生素 A 治疗的概率。

（4）风险评价流程

为说明该方法的详细内容,以本风险评价中的一个部分为例,说明可用数据并得出的结论。该部分涉及微生物 M 菌株 S 感染人类的概率。

①风险评价报告中的数据

相关地区最近两年的发病率数据和各县的发病率数据已在风险评价报告中列出(见表 4 - 13)。报告还提供了以下背景数据:

a. 在该地区的所有地方,人类感染这种微生物的情况都无法报告,监测方法也各不相同。

b. 列出了记录在案的微生物 M 病例总数及发病率,以及大多数地区微生物 M 菌株 S 的百分比。

数据列表中包含了对缺失数据的假设(如表格脚注中所述);发病率以每年每 100 人中的病例数表示,并指出这些估计值是最低值;并非所有微生物 M 菌株 S 感染病例都会被记录和报告。

表 4 - 13　人类感染微生物 M 的记录

区域	报告数量	发病率	区域	报告数量	发病率
D1	502	0.006	D10	/	/
D2	3750	0.037 *	D11	205	0.002[a]
D3	838	0.016	D12	620	0.002
D4	399	0.008	D13	459	0.005
D5	6392	0.011 *	D14	1011	0.007
D6	45103	0.055 *[b]	D15	826	0.014
D7	10	0.008 *[b]	D16	172	0.01
D8	315	0.01	D17	6686	0.013 *
D9	14751	0.021[a]			

注:[a] 未按血清型列出百分比数字。本估算假设 100% 为微生物 M 菌株 S。[b] 仅给出了微生物 M 菌株 O 的百分比数字。

②风险评价所得出的结论

根据当时掌握的数据,得出以下结论:

"从该地任何一个区随机抽取的人被作为微生物 M 菌株 S 病例向有关当局报告的概率很低,在某些区甚至非常低。医生接诊的所有病例被进一步报告的可能性也很小,这取决于当地的报告制度。根据所使用的调查方法并结合专家意见,可按地区为这些发病率值构建不确定性限值。"

该风险评价提出了一些建议,包括进一步收集适当的信息并对不确定性限值进行评估。结论描述了风险评价者对特定事件发生概率的估计,"低"和"非常低"这些描述是主观的,但基于可用的数据和假设,阅读报告的人也可以了解这些主观描述的依据。

(5)综合各步骤得出总体结论

在完成各风险途径的详细小结后,以表格形式给出总体风险评估摘要,即最终的风险表征描述过程。在摘要中,需要包括前面报告数值中的典型值或范围,以及概率的文字说明,使读者即使只阅读摘要也能了解实际数值而不完全依赖于风险评价员的主观描述。信息还应包括变异性和不确定性,以及所考虑部分的其他关键特征。总而言之,本例说明了处理定性风险评价中大多数问题的方法。

5 安全风险评价

危害分析与关键控制点(Hazard Analysis Critical Control Point, HACCP)是一项旨在确保食品安全的预防性计划。该计划采用预防措施来减少对加工后微生物检测的需求。HACCP 计划的设计基于良好的生产规范,并通过制定卫生标准操作程序来实施。这一计划遵循七项原则,确保食品在生产过程中安全。装运前的审查可以确保这些计划的执行情况,并进行危害分析与关键控制点计划的评估,以确认是否始终如一地生产出安全产品。评估内容包括审查HACCP 手册和现场验证,以确保危害分析与关键控制点计划的正确执行。HACCP 计划的评估有助于确认生产商是否实施了有效的危害分析与关键控制点系统,以及是否具备维护 HACCP 计划所需的知识和支持。

5.1 研究背景

食品安全是全球各国政策的优先事项和目标之一,其目的是提高生活质量和健康寿命,消除健康差距,被视为 21 世纪的重大挑战之一[79-81]。随着消费者饮食习惯的变化、产品和生产方式的改变、人口老龄化及免疫力低下人群的增加,以及食品感染率的上升,食品安全问题日益突出。全球食源性疾病的发病率难以精确估计,但仅在 2005 年就有 180 万人因腹泻疾病死亡[82],因此,减少食源性疾病已成为当务之急。

此外,食品安全在全球市场中既是食品贸易的优先事项,也是一个经济问题。食品贸易的增长和营销模式的变化增加了新的风险,食源性疾病爆发的潜在后果也更加严重。通过媒体报道和科学知识的普及,工业化国家的消费者对潜在的食品安全危害有了更多的认识。我们面临的挑战是建立综合有效的食品安全体系,以维持消费者对食品安全体系的信任,并为国家和国际食品贸易提供稳固的监管基础,从而支持经济发展。

近年来,国际食品安全权威机构及各国政府制定的新法律法规(如《食品法典标准》[83]、《普通食品法》[84]及基于《普通食品法》的其他法律文件[85])在一定程度上强化了这些努力。《普通食品法》[84]提供了坚实的基础,欧盟基于此制定了更多重要的食品安全规则,如"卫生一揽子计划",其他工业化国家也在采用类似的食品安全监管方法[86]。

上述安全风险评价采用了共同的方法元素,即使用危害分析与关键控制点(Hazard Analysis Critical Control Point,HACCP)分析方法、进行从农场到餐桌的风险评价,以及更多地利用政策制定安全激励措施[87]。一些国家成立了新的食品安全监管机构,旨在整合和集中农业和公共卫生领域的专业知识,这些共同的趋势有助于达成食品安全标准的基本共识。

学界和业界普遍认为,HACCP是有效的前瞻性安全风险评价的关键,必须将其纳入从初级生产到最终消费的食品链的每一个环节,以确保食品安全。"从农场到餐桌的食品安全"这一表述在白皮书中被频繁阐述和使用,强调了所有利益相关者之间的一体化和互动沟通,这种沟通通过供应商和消费者之间的明确交流来实现安全目标[79]。

5.2　安全风险评价程序

5.2.1　应用 HACCP 计划

霍华德·鲍曼(Howard Bauman)博士在1971年全国食品保护会议上首次提出了危害分析与关键控制点(HACCP)计划[88]。该计划包括三项基本准则,主要侧重于识别和评估危害、选择关键控制点,以及监控这些控制点。1972年,美国爆发了商业罐装汤中毒事件,美国食品药品管理局(Food and Drug Administration,FDA)由此颁布了低酸罐装食品法规。这些法规包含了HACCP的基本概念,一些大型食品公司因此在其食品安全计划中采用了 HACCP 方法。然而,在这一时期,HACCP 并未被广泛采用。

尽管如此,人们对 HACCP 的兴趣并未消退。1985 年,美国国家科学院食品保护委员会的一个小组委员会建议监管机构和食品行业采用 HACCP,从而引发了对 HACCP 的进一步讨论。1988 年,美国国家食品微生物标准咨询委员会鼓励采用 HACCP,该委员会负责向农业部长、商务部长、国防部长和卫生与公众服务部长提供科学咨询和建议。该委员会详细介绍了 HACCP 准则,并为食品行业提供了实用的使用指南,使 HACCP 在全球范围内得到推广,并促使食品法典委员会于 1991 年制定了《危害分析与关键控制点系统应用准则》。该准则于 1993 年联合国粮农组织、世界卫生组织联合召开的食品法典委员会第 20 届会议上获得通过,并于 1997 年进行了修订。从国际贸易的角度来看,将 HACCP 作为食品安全的共同方法,有助于优先提高食品安全,同时促进贸易便利化。

虽然 HACCP 概念可以用于质量或其他方面,但目前普遍接受的是其在解决食品安全危害中的应用。本章仅讨论 HACCP 在食品安全危害中的应用。HACCP 已发展为国际公认的体系,并被广泛用于降低食品安全风险。美国农业部食品安全检验局于 1996 年颁布了《病原体减少:危害分析与关键控制点》,要求肉类生产商和家禽场所实施 HACCP[89];美国食品药品管理局颁布的鱼类和渔业产品法规也强制要求对海鲜实施 HACCP[90];《果汁安全卫生加工和进口规程》要求对水果和蔬菜汁实施 HACCP[91]。加拿大的食品安全强化计划致力于在加拿大联邦注册的所有机构中应用 HACCP[92]。在欧洲,欧共体条例第 852/2004 号第 5 条规定,食品企业必须根据 HACCP 原则实施食品安全程序[93]。中国自 20 世纪 90 年代开始推广和应用 HACCP[94]。2002 年 3 月 20 日,国家认证认可监督管理委员会发布了第 3 号公告《食品生产企业危害分析与关键控制点(HACCP)管理体系认证管理规定》,自 2002 年 5 月 1 日起执行,鼓励所有食品企业建立并实施 HACCP 管理体系,以提高企业的质量管理水平。2002 年 4 月 19 日,原国家质量监督检验检疫总局发布第 20 号令,明确提出了《卫生注册需评审 HACCP 体系的产品目录》,首次强制要求某些食品生产企业建立和实施 HACCP 管理体系,并将 HACCP 纳入出口食品法规的一部分。

5.2.2 制订和实施 HACCP 计划

在食品厂开发和实施 HACCP 系统是一项重大任务,取决于高层管理部门的承诺和积极性。此外,员工对确保食品安全每项活动重要性的接受和理解也是至关重要的。仅靠中层管理人员或技术人员来开发和实施，HACCP 系统无法完成。

因此，应指定一名具有组织和沟通技能、熟悉工厂流程并在公司内拥有执行该计划绝对权力的小组负责人。小组负责人首先需要组织一个经过挑选并接受过食品危害分析和 HACCP 原理培训的员工小组，小组成员应包括了解实际任务所有细节的操作人员，并应具备不同领域的能力，如质量控制、采购、生产、工程、分销、微生物学、毒理学和审计等。大多数食品行业，无论规模大小，制订和实施 HACCP 计划都需要帮助，因为上述所有能力很难凑齐，行业可能不全部具备。因此，应从外部获得专家建议，如贸易和行业协会、独立专家、监管机构，通过其协助开展 HACCP 培训，同时根据具体行业的操作手册指导员工。不过，尽管可以采取顾问提供的建议，如果食品企业经营者只提供极少的意见，那么在审核过程中，审核小组可能会遇到困难，因为他们可能无法识别企业经营的计划。

制订 HACCP 计划的战略方法必须事先确定，可以按产品或流程确定，也可以按单个计划或部门（行业）计划确定[95]。具体而言，HACCP 计划的初始步骤包括：

①说明工厂生产的所有产品及分销方式。

②确定产品的预期用途和消费者。根据食品加工的多样性，消费者可以在烹饪后食用这些产品，也可以即食。同样重要的是，要确定产品是否可以被婴儿、老人和免疫力低下者等高风险人群食用。

③为每道工序绘制流程图，简要说明从接收原料和其他材料到成品分发的所有操作步骤。绘制流程图看似简单，但大多数生产商往往忽略某些流程步骤，特别是重大延误或例行变化（如在生产班次结束时处理装满部件的纸箱，以及等待烹饪或冷却步骤的产品）。还应说明正常流程的输入和输出，因为这些输入和输出可能产生危害（如成分、特定风险材料的处置）。此外，流程图必须在工厂内验证，以确认其准确性。

④编制 HACCP 计划，根据既定的职权范围进行危害分析，并评估关键控制点，将其置于控制之下。HACCP 计划必须与作业指导书相结合，并随作业指导书更新。

如上所述，这一系统的构建和实施规模庞大，成本高昂，其推行依赖于高层管理人员的支持和全面参与。HACCP 的实施问题主要与工厂规模有关，这在现有研究中经常提及。规模较小的经营者在实施 HACCP 方面遇到的困难较大。行业研究表明，向 HACCP 过渡对小型和超小型工厂最具挑战性，因为它们通常没有大型工厂所拥有的技术等资源[96]。

HACCP 要求考虑到食品法典中的原则。这些要求应具有足够的灵活性，以适用于所有情况，包括小企业。值得注意的是，某些食品企业要确定关键控制点并不容易，这会给计划的实施带来困难，并且在某些情况下，良好的卫生习惯对确保安全至关重要。同样，规定"关键限值"并不意味着必须在每种情况下都规定一个数字限值。此外，保留文件的要求必须具有灵活性，以避免给微型企业造成不必要的负担，但灵活性不应损害食品卫生和安全目标[97]。

5.2.3　HACCP 评价

HACCP 评价包括对加工厂进行审核，以审查 HACCP 计划运行的各个方面。虽然从技术上讲，卫生标准操作程序不是 HACCP 的一部分，但在 HACCP 评价期间也要对其进行审查。除了卫生标准操作程序外，还要检查所有记录和 HACCP 计划的所有组成部分。审核还应包括参观设施，以增加对操作的了解。

HACCP 评价是 HACCP 项目的重要方面，应定期审查，以确保其准确性和时效性。HACCP 小组在设计计划时可能会使用不正确的方法[98]。HACCP 评价可确保工厂对 HACCP 计划的实践，而不将其作为一个闲置文件。HACCP 评价还可验证生产商是否能够生产和分销安全的产品[99]。

HACCP 评价（审核）可以归属于验证，但它并不是 HACCP 的准则之一。尽管监管者和生产者的目标一致，都是生产安全的产品，但他们对如何衡量有效性的看法却不尽相同。根据 Kvenberg 等人[100]的观点，监管机构在 HACCP 方面的目标如下：

①通过预防食品安全问题，确保食品供应安全。

②使监管机构能够更有效地利用现有资源确保食品安全。

③提高监管机构向消费者提供食品供应安全保证的能力。

④强调行业在不断预防和解决问题方面的作用。

HACCP 评价的主要目的是确定生产商是否有能力持续生产和销售安全的产品，即确保 HACCP 计划能有效维护产品安全。评价应包括审查 HACCP 手册和现场核查,以确定 HACCP 计划是否得到正确实施[99]。Mortimore 等人[96]认为,任何评价的结果都应表明生产企业已经:

①实施了完善的 HACCP 系统;

②具备维护 HACCP 计划所需的知识和经验;

③制订了必要的支持(前提)计划。

检查表可用于提高评价的效率,其已被证明是评价 HACCP 计划的有效工具。然而,仅有检查表是不够的。重要的是,审核员要有足够的知识来识别任何不足之处,并妥善解决它们[99]。评估人员可自行设计检查表,有些人可能会使用检查表作为记忆辅助工具,促进对 HACCP 计划的遵守,但许多单独的问题必须作为检查表的补充,因为它们只是标准的一个大纲。HACCP 计划没有固定的公式,因此检查表会因工厂实际情况而异[96]。

评价可由内部评估小组或外部评估人员进行,内部评估不应由参与 HACCP 早期控制计划日常活动的人员进行[101]。一种评价方法是访问供应商,确保他们的 HACCP 计划能生产出安全的进料,满足工厂的规格要求。另一种 HACCP 评价方法涉及向客户销售后的产品处理。当消费者对产品的分销负有部分责任时,就会进行这种评价[95]。

在实际参观工厂之前,可以进行评价前审查。这种方法将使审核员有机会大致了解正在进行的操作类型,并有助于制订初步的检查表[98]。在预评价和抵达工厂后,审核员应与工厂代表会面。重要的是,审核员要表明他们的意图,以及将采用何种形式进行审核[98]。审核人员还要说明进行审核需要哪些文件[95]。

工厂管理层可带领审核员参观工厂,为实际流程提供第一手资料,在参观过程中,应回答审核人员不理解的有关流程的任何问题[95]。审核人员应确定流程中可能存在的缺陷,收集所有与 HACCP 相关的文件并评估其能力。审核人员必须审查所有卫生标准操作程序和整个 HACCP 计划,对 HACCP 文件的评价包括核实是否包含所有七项准则且准确无误、是否已确定 HACCP 小组、以及是否列出了产品描述和预期用途[98]。

Gombas[102]进行了一项调查,询问各食品厂在遵守卫生标准操作程序要求方面是否存在困难。只有两家食品厂表示很难遵守,而其余食品厂虽然在某些方面遇到困难,但总体上遵守起来问题不大。Gombas 遇到最多的问题是"检查员不同意卫生标准操作程序的适当性"和员工的合规性问题(如记录不完整、偏差过大）。Quinn 等人[98]的一项研究表明，弗吉尼亚州的加工厂在制定和维护卫生标准操作程序方面几乎没有遇到什么困难。在 58 家工厂中，只有 3 家没有按步骤列出程序，其他工厂都详细地说明了加工前后的卫生标准操作程序。弗吉尼亚州的所有工厂都提供了卫生标准操作程序记录（如纠正措施、温度），大部分被评估的记录是完整的、最新的，并有相关部门的签字。虽然卫生标准操作程序存在偏差，但这些偏差都得到了妥善处理，而且不常出现，只有一家工厂在出现问题时没有签署记录或具体说明缺陷。

Gombas[102]所做的调查要求企业指出在关键控制点方面遇到的问题。57% 的受访者表示"关键控制点过多"是问题的根源，35% 的受访者表示"关键控制点太少"是一个问题。相比之下，Quinn 等人的[98]报告说，从监管角度来看，弗吉尼亚州没有一家工厂的关键控制点过少，每个 HACCP 计划都包含足够的关键控制点，以满足法规要求，有一家工厂将每个加工步骤都列为关键控制点，这就显得过多了。过多的关键控制点会给员工带来过多的文书工作，增加管理计划的难度。弗吉尼亚州的其他几家工厂也包含了一到两个额外的关键控制点。通过 12 个案例，Quinn 等人建议对 HACCP 计划进行修改，调整关键控制点数量，使计划更有效地运行。

Gombas[102]还要求工厂对其 HACCP 计划中特定部分的难度进行排序。核查被列为最难执行的部分。调查中 59% 的工厂在执行 HACCP 验证步骤时遇到困难，且令人担忧的是，大多数工厂（58 家工厂中有 37 家）没有说明用于校准温度计的验证步骤。审查中提供的信息表明，有效的 HACCP 计划应包括良好生产规范准则清单、关键控制点、产品描述、成分说明、流程图和装运前审查文件，通过有效的监控和定期评估，确保该系统能持续预防危害并为消费者提供安全的产品。

5.3　安全风险评价准则

HACCP 最初包括三项准则，但随着时间的推移，这些准则已被修改和扩展为七项。食品法典委员会和美国国家食品微生物标准咨询委员会分别在 1994 年和 1998 年公布了 HACCP 七项准则。食品法典委员会和美国国家食品微生物标准咨询委员会是 HACCP 准则的主要来源,二者在处理七项准则的方法上非常相似。正如美国国家食品微生物标准咨询委员会所概述的,这些准则提供了一个识别、预防和控制食品安全危害的系统方法。

准则一:进行危害分析。

准则二:确定关键控制点。

准则三:确定关键限值。

准则四:制定监控程序。

准则五:制定纠正措施。

准则六:制定验证程序。

准则七:制定保存记录和文档编制程序。

HACCP 准则看似简单,其一般概念通常被视为生产安全食品的一种合乎逻辑和常识的方法;但是,负责制订和实施 HACCP 计划的人员必须理解七项准则背后的深层含义。如果不能充分理解这些准则,可能会导致系统无法有效提高食品安全性,甚至可能带来虚假的安全感。美国国家食品微生物标准咨询委员会指出,在实际制订 HACCP 计划之前,应采取以下五个初步步骤:

①组建 HACCP 小组;

②描述食品及其分布;

③描述食品的预期用途和消费者;

④绘制描述流程的流程图;

⑤验证流程图。

虽然这五个步骤不像 HACCP 七项准则那样受人关注,但它们对计划的整体结果非常重要。在大型食品公司,一个 HACCP 小组可能由多名经验丰富、具备各种专业知识的人员组成;但在小型食品公司,一个 HACCP 小组可能只有少数几名经验和专业知识有限的人员。无论规模大小,团队都必须全面了解所有配料、生产流程、加工设备、分销方法和食品成品的预期用途,并理解 HACCP 准则。否则,团队可能无法制订出充分的 HACCP 计划来确保食品安全。

(1)准则一:进行危害分析

HACCP 计划的优势始于危害分析。如果没有正确识别食品安全危害,后续的步骤都会建立在错误的基础上。食品安全危害被定义为"在缺乏控制的情况下,有合理可能导致疾病或伤害的生物、化学或物理因子"。具体的食品安全危害取决于产品的配料或原材料、生产过程和设备、储存和分销方法、产品的预期用途,甚至可能与生产设施有关。因此,每项操作都应针对所生产的产品进行危害分析。

危害分析包括两个阶段:识别潜在危害和评价已识别的危害。危害分析的第一阶段有时被称为头脑风暴阶段,HACCP 小组应仔细考虑产品中使用的所有原材料和配料、流程图上确定的每个加工步骤,以及预期用途和最终产品消费者,以识别潜在危害。进行全面、准确的危害分析需要多学科的参与,危害可能包括以下 3 项。

● 生物危害:如致病菌(肉毒梭菌、金黄色葡萄球菌或大肠杆菌)、寄生虫或病毒病原体。

● 化学危害:如黄曲霉毒素、贝类毒素、某些鱼类分解产生的组胺、过敏原、杀虫剂或其他有害化学物质。

● 物理危害:如玻璃或金属碎片。

需要注意的是,有些异物在食物中虽然不美观,但食用后不会造成伤害或疾病。比如头发,当在食物中发现头发时,这种异物会令人不快,但食用它不会导致疾病或伤害,因此不属于危害分析中涉及的食品安全物理危害。

在识别出所有潜在危害后,HACCP 小组必须对每个潜在危害进行评估,以确定其是否严重,如果不加控制,是否会对消费者造成伤害或疾病。如果某个潜在危害不严重,则无需在 HACCP 计划中进一步关注,但可在质量计划中加以解决。由于特定产品需要应对的潜在食品安全危害的数量和类型较多,进行危害分析的人员可能需要寻求食品微生物学家或毒理学家等相关专家的帮助。国际食品微生物标准委员会编著的书籍等参考资料,可以帮助企业确定不同类型的产品应考虑哪些危害。

在流程图中正确确定每个加工步骤的危害之后,就应针对每种危害确定控制措施。最初,这些措施被称为预防措施。然而,在美国国家食品微生物标准咨询委员会的最新文件中,预防措施一词被替换为控制措施,因为并非所有危害都可以预防,但大多数危害可以控制。控制措施可以控制一种以上的危害,而一种危害可能需要多种控制措施。成功的危害分析可确保适当识别食品安全危害,并对每种危害采取有效的控制措施。

（2）准则二：确定关键控制点

关键控制点是指生产过程中可以预防、消除已识别的食品安全危害或将其降低到可接受水平的步骤。因此，对于在危害分析中确定的每一个重大或很可能发生的食品安全危害，生产过程中至少要有一个点、步骤或程序可以进行预防、消除或控制，确保食品安全危害被有效管理。常见的控制生物危害的步骤包括巴氏杀菌、烹饪、稳定和抗菌净化等。

要确定生产过程中的哪些步骤符合关键控制点的定义，必须深入了解已识别的危害，以及产品的生产加工步骤。如果没有这方面的知识，可能会错误地选择关键控制点，从而导致食品安全危害得不到有效控制。确定的关键控制点太少，会导致危害得不到控制；而太多的关键控制点又可能分散注意力，导致系统无法集中精力控制已识别的危害。因此，必须合理确定关键控制点的数量，不能过少或过多。

根据美国国家食品微生物标准咨询委员会的关键控制点决策树之一，如果需要在特定步骤控制已识别的危害，但没有有效的控制措施，则应修改该步骤、流程或产品，以确保危害得到有效管理。

（3）准则三：确定关键限值

在每个关键控制点，至少要有一个参数需要满足，以预防、消除或将已识别的食品安全危害降低到可接受的水平。这个参数的最大值或最小值被定义为临界限值。一些关键控制点可能需要多个参数作为临界限值。例如，烹饪过程作为消除病原体的关键控制点，需要同时满足温度和时间这两个参数。关键限值必须基于与危害分析中确定的特定食品安全危害相关的科学证据。临界限值不应基于预期的质量特性或与食品安全无关的因素。

如果没有科学依据来制定食品安全临界限值，可能会导致产品不安全，或者企业采取不必要的措施。例如，若消除病原体需要特定的温度和时间组合，那么临界限值就不应设定为更高的温度或更长的时间，即使这些条件可能对成品的质量特性有益。较高的温度或较长的时间可以作为操作参数，但不能作为临界限值，因为未达到操作限值不会导致产品不安全。

关键限值的参数可以包括：水活性、pH、温度、时间或化学干预的浓度，但不应包括与食品安全无关的参数。每个临界限值都应足以应对已识别的危害。在某些情况下，临界限值可能以法规要求为基础。企业必须为所选择的关键限值提供支持,所有关键限值的设计应能将安全食品与不安全食品区分开来。

(4)准则四:制定监控程序

为了确定是否达到了临界限值,必须进行一个评估或测量相关参数的过程,这个过程被称为监控。监控的定义是"有计划地进行一系列观察或测量,以评估关键控制点是否处于受控状态,并生成准确记录,供日后核查使用"。在进行监控时,企业必须明确:①监控的内容;②监控的方法;③监控的频率;④负责监控的人员。虽然这项任务看似简单,但在有效监控之前,必须做出许多正确的决策。例如,在可能的情况下,最好进行连续监控;但如果监控频率能够证明生产过程处于受控状态,非连续监控也是有效的。

在关键控制点监控过程中收集的数据,不仅可以用来确定是否达到了临界限值,如果设计得当,数据还可以用于检测过程中的变化,这些变化可能表明需要重新评估 HACCP 计划、确定趋势及何时出现过程偏差。在出现偏差需要采取纠正措施之前,企业可以通过数据提前发现并纠正问题。例如,如果一个过程包括一个稳定或冷却步骤,通常需要 30 分钟,但审查记录时发现冷却时间逐渐增加,企业就应找出原因。可能的原因包括:进入稳定过程的产品温度高于正常温度;产品的大小不同,需要更长的冷却时间;冷却器的制冷系统没有正常工作。如果确定制冷系统工作不正常,那么企业就可以在未达到临界限值之前进行维修。

使用监控数据是一种积极主动的预防性方法,以确保食品安全。因此,负责监控的人员必须接受培训,了解未达到临界限值的后果及解决产品安全问题所需的行动。

(5)准则五:制定纠正措施

即使设计最完善的 HACCP 计划,有时也可能未能达到临界限值。这种情况称为偏差。当出现偏差时,企业必须制定纠正措施,以解决产品安全问题,并确保在继续生产之前恢复流程的受控状态。如果完全煮熟的产品未能达到细菌和病毒所需的致死温度和时间,企业可能会选择重新烹煮产品。对于某些产品,如果重新烹煮后质量无法保证,企业可能会决定将其作为不可食用产品处理。

每次出现偏差时,企业必须确保所采取的纠正措施能解决产品的安全问题,只有在此之后,产品才能进入市场。此外,纠正措施还必须针对生产过程,确保纠正之后的产品能够达到临界限值。企业应确定出现偏差的根本原因。例如,烹饪过程中未达到临界限值,可能是因为烤箱出现了机械故障,在生产其他产品之前,需要对烤箱进行维修。

纠正措施的另一部分是制定防止同样偏差再次发生的步骤或预防措施,如增加对设备进行预防性维护检查的频率。每次采取纠正措施时,企业都应保留详细的记录,清楚地记录偏差、根本原因、所采取的纠正措施、产品的处置方法,以及是否需要修改 HACCP 计划。

(6)准则六:制定验证程序

HACCP 准则中的验证可能是最难理解且常引起争议的一项,它实际上包括两个部分:验证和核查。验证通常是指确保科学有效性的部分,而核查则是确保企业按设计始终如一地应用 HACCP 系统的能力。例如,如果一家企业在生产全熟烤鸡肉产品时,将成品温度作为烹饪关键控制点的临界限值,目的是消除可能存在的沙门氏菌生物性食品安全危害,那么他们需要有科学依据来证明,烹饪达到临界限值所规定的温度确实能杀死沙门氏菌。这些科学依据通常基于同行评议的实验室数据、政府法规或指导文件,或企业内部的特定数据。需要警惕的是,一个企业如果设计了有效的 HACCP 计划,但没有始终如一地执行该计划(即验证部分),就无法实现预期的食品安全目标;如果设计了无效的 HACCP 计划,即使始终如一地执行计划,也无法实现预期的食品安全目标。要使 HACCP 系统在实践中达到最佳水平,必须同时实现验证和核查这两个部分。

理解验证与核查之间的区别非常重要,与理解准确和精确之间的区别类似。准确是指测量与标准或真实值的符合程度,而精确是指操作或测量的重复性和一致性。简而言之,准确是"正确",精确是"可重复"。例如,在投掷飞镖时,投掷者可以做到精确但不准确,将所有飞镖投在同一区域,但不在目标中心;也可以准确但不精确,将飞镖分散投掷,但"平均"位置在靶心内。最理想的是既准确又精确的,能够将所有飞镖集中投到靶心中心。

最佳的 HACCP 系统必须既有效(准确),又可重复实施(精确)。这意味着系统必须能够预防、消除特定产品或过程中可能发生的所有食品安全危害或将其降低到可接受的水平，并能够在操作中持续实现这一目标。

准则六与其他准则紧密相关。如前所述，准则一要求确定产品中可能出现的食品安全危害，准则二要求确定这些危害的关键控制点。这些决策必须是有效的。例如，在对生猪肉产品进行危害分析时，可能认为螺旋毛癣菌（Trichinella Spiralis）是一种潜在的食品安全危害，但也可能有科学数据表明，在加工的特定类型猪肉中，螺旋毛癣菌并不足以致病。因此，数据必须是准确的，或者可以建立一个关键控制点来控制已确定的食品安全危害，并且需要有数据证明，该关键控制点的参数能有效防止、消除食品安全危害，或将已确定的食品安全危害降低到可接受的水平。再如，即食产品的HACCP计划将沙门氏菌确定为可能发生的危害，并将烹饪过程作为关键控制点。因此，需要对烹饪的关键限值进行验证，以确保它们能有效控制已确定的危害。虽然HACCP七项准则中没有明确提到"核查"一词，但核查是制订全面、有效的HACCP计划不可或缺的一部分。

(7)准则七：制定保存记录和文档编制程序

最后一项HACCP准则要求提供书面证明或证据，表明HACCP系统已正确制定和实施。这一准则在实施过程中常常遇到较大阻力。记录保存既耗时又需要额外的人力，还会产生大量需要长期保留的纸质文件。然而，当企业制定详细的记录流程和全面的记录保存程序时，往往会发现这些记录在决策和为生产安全产品的措施辩护方面非常有用。将记录视为影响变革、识别趋势和改进系统的管理工具，而不是额外负担，它们便成为HACCP的重要组成部分。与HACCP相关的记录有很多种，美国国家食品微生物标准咨询委员会建议保存以下四类记录。

①危害分析摘要：包括确定危害和控制措施的理由。

②HACCP计划：包括HACCP小组名单和职责分配，食品描述、分销、预定用途和消费者，以及验证流程图。

③支持文件：如验证记录。

④计划实施过程中产生的记录。

书面危害分析是HACCP小组用来识别潜在食品安全危害的思维过程记录。详细的危害分析会包含与已识别危害的控制措施有关的信息，这类记录在重新评估 HACCP 计划、监管机构审查、客户审查或第三方审计时非常有用。

此外,如何定义 HACCP 计划也是准则之外非常重要的步骤。有些企业将所有与初步步骤相关的书面文件(如经过验证的流程图)和针对七项准则制订的书面文件纳入 HACCP 计划。有些企业则制订一份摘要文件,列出可能发生的食品安全危害、关键控制点、临界限值、监控程序、纠正措施、持续验证活动及保存的记录。

辅助文件也是重要的记录类型,因为它们可用来为 HACCP 计划的实施进行辩护,验证已确定的食品安全危害是否得到控制,证明监控和验证频率的合理性,并证明计划按设计实施。简而言之,记录保存和文档编制活动提供了实现 HACCP 第二个目标所需的信息,即证明生产了安全食品。

负责保存记录的人员必须了解其任务的重要性和未能正确记录信息的后果,以及适当记录的正确程序,如书写清晰、使用单行标注更正以及关注细节。记录保存并不容易,需要对所有利益相关方进行适当的培训并坦诚沟通。

5.4　HACCP 的优缺点及应用

5.4.1　HACCP 的优点

如前文所述,HACCP 评价具有诸多优点,能验证食品安全危害是否得以控制,证明监控和检验程序的合理性等。具体而言,包括如下几个方面:

①具有系统性和预防性

HACCP 的最大优点在于其系统性和预防性方法。传统的食品安全方法通常依赖于最终产品的检验,这种方法无法有效预防污染或危害。而 HACCP 通过识别生产过程中的关键控制点,并在这些点实施控制措施,从而预防食品安全问题的发生。这种方法不仅提高了食品安全水平,还减少了对最终产品检测的依赖。

②实现全流程控制

HACCP 覆盖了食品生产的整个过程,从原材料采购、生产加工、包装到储存运输,每一个环节都被纳入风险评价和控制范围。这种全流程控制方法确保了任何一个环节出现问题都可以及时发现和纠正,从而保证整个食品供应链的安全。

③提高食品安全意识

实施 HACCP 需要企业全员参与,从高层管理人员到一线操作工人都需要了解和执行 HACCP 的要求。这种全员参与的方式有助于提高企业内部的食品安全意识,培养员工良好的操作习惯,形成企业的食品安全文化。

④获得国际认可

HACCP 已被世界卫生组织(World Health Organization, WHO)和食品法典委员会(Codex Alimentarius Commission, CAC)认可为食品安全管理的国际标准。许多国家将 HACCP 纳入食品安全法律法规中,要求食品生产企业实施 HACCP 体系。这使得 HACCP 成为食品企业进入国际市场的通行证,有助于增强企业的国际竞争力。

⑤具有灵活性和适应性

HACCP 体系具有很强的灵活性,可以根据不同食品生产企业的具体情况进行调整和应用。无论是大型跨国食品公司,还是小型本地食品企业,都可以根据自身的生产工艺和风险情况,制订适合自己的 HACCP 计划。这种灵活性使得 HACCP 具有广泛的适用性。

⑥以科学性和数据驱动决策

HACCP 强调基于科学的风险评价和数据驱动决策。通过对生产过程中的潜在危害进行科学分析,企业可以制定出有效的控制措施。HACCP 要求企业记录和分析生产过程中的数据,及时发现并纠正问题,从而不断提升食品安全管理水平。

5.4.2 HACCP 的不足

虽然 HACCP 计划给食品安全行业带来了诸多便利,提高了食品安全领域监控与验证程序的效率,但也存在着诸多不足,具体表现为以下几个方面:

①实施成本高

尽管 HACCP 体系能够提高食品安全水平,但其实施成本较高,特别是对于中小型食品企业而言。HACCP 的实施需要进行全面的危害分析、确定关键控制点、制定和实施控制措施、培训员工及进行持续的监控和记录。这些步骤都需要投入大量的人力、物力和财力。对于一些资源有限的中小企业来说,这种成本可能难以承受。

②依赖专业知识

HACCP 体系的有效实施需要专业的食品安全知识和技能。企业需要具备专门的技术团队来进行危害分析、风险评估和控制措施制定。这对于一些缺乏专业人才的小型企业来说是一个重大挑战。此外,员工培训和技能提升也需要时间和资源。

③具有复杂性而难以执行

HACCP 体系的复杂性和细致性使其在实际执行中存在一定困难。特别是在生产工艺复杂、流程繁多的食品企业,确定关键控制点并实施有效的控制措施需要高度的专业知识和经验。而且,HACCP 要求企业对每一个生产环节进行持续监控和记录,这增加了管理的复杂性和工作量。

④缺乏灵活应对能力

尽管 HACCP 体系强调灵活性,但在实际应用中,面对突发事件或新的食品安全风险,HACCP 的应对能力可能有限。HACCP 体系的制定和实施通常基于已知的风险和危害,对于新的、未知的风险,HACCP 可能需要较长时间进行调整和改进。此外,HACCP 体系的更新和维护也需要不断投入资源。

⑤依赖供应链

HACCP 体系需要食品生产企业与供应链中的各个环节密切合作,确保原材料和生产过程的安全。然而,供应链的复杂性和不确定性可能影响 HACCP 体系的有效性。供应商的食品安全管理水平、原材料的质量和安全性都直接关系到 HACCP 体系的执行效果。如果供应链中的某一环节出现问题,可能会对整个食品安全体系产生不利影响。

⑥文化和意识问题

HACCP 的有效实施不仅需要技术和管理手段,还需要全员的食品安全意识和文化支持。在一些食品企业,特别是那些食品安全意识薄弱的企业,推行HACCP 可能面临文化和意识上的阻力。员工可能对新的管理体系和操作要求产生抵触情绪,管理层可能缺乏足够的重视和支持,这些都可能影响 HACCP 体系的执行效果。

总而言之,HACCP 作为一种系统性的预防措施,在提高食品安全管理水平方面具有显著的优点。通过系统的危害分析和风险评价,HACCP 能够有效预防和控制食品生产过程中的潜在危害,确保食品安全。然而,HACCP 在实际应用中也面临一些挑战和局限性,包括实施成本高、依赖专业知识、具有复杂性而难以执行、依赖供应链,以及文化和意识问题。为了充分发挥 HACCP 体系的优势,企业需要不断提升自身的食品安全管理能力,加强与供应链各环节的合作,培养全员的食品安全意识,确保 HACCP 体系的有效实施和持续改进。通过不断优化 HACCP 体系,食品企业能够在激烈的市场竞争中立于不败之地,为消费者提供更加安全、健康的食品。

5.4.3　HACCP 的应用

HACCP 体系的核心在于通过系统的危害分析和风险评价,识别和控制食品生产过程中的潜在危害。在风险评价中,HACCP 主要包括以下几个步骤。

①分析危害:识别食品生产过程中可能存在的生物、化学和物理危害,并评估其对食品安全的影响。

②确定关键控制点:在生产过程中确定那些能够有效控制危害的关键环节,并制定相应的控制措施。

③设定关键限值:为每一个关键控制点设定关键限值,以确保在这些控制点上能够有效控制危害。

④建立监控系统:对每一个关键控制点进行持续监控,确保控制措施的有效执行。

⑤制定纠正措施:当监控发现某一关键控制点未达到设定的关键限值时,及时采取纠正措施,防止危害发生。

⑥建立验证程序:定期验证 HACCP 体系的有效性,确保控制措施能够持续有效地控制危害。

⑦记录和管理文件:建立完善的记录和文件管理系统,确保 HACCP 体系的每一个环节都有据可查,便于追溯和审查。

通过以上步骤,HACCP 体系能够系统地识别和控制食品生产过程中的潜在危害,提高食品安全水平。

在风险传播方面,HACCP 体系的实施也具有重要意义。风险传播是指在食品安全管理中,不同利益相关方之间的信息交流和互动。HACCP 体系的实施能够促进企业内部和外部的信息沟通,提高食品安全管理的透明度和信任度,具体表现在以下几个方面。

①企业内部沟通:HACCP 体系的实施需要全员参与,从高层管理人员到一线操作工人都需要了解和执行 HACCP 的要求。通过全员参与和持续培训,能够增强企业内部的食品安全意识,促进员工之间的沟通与合作,共同维护食品安全。

②企业与监管部门的沟通:HACCP 体系的实施需要与食品安全监管部门密切合作,确保企业的食品安全管理符合国家法律法规和标准要求。通过与监管部门的沟通,企业能够及时了解食品安全法规的变化和要求,确保 HACCP 体系的合规性和有效性。

③企业与供应链的沟通:HACCP 体系的实施需要与供应链中的各个环节密切合作,确保原材料和生产过程的安全。通过与供应商的沟通,企业能够了解和掌握原材料的质量和安全情况,确保供应链的食品安全管理水平。

④企业与消费者的沟通:HACCP 体系的实施能够提高企业的食品安全管理水平,增强消费者对企业产品的信任。通过透明的信息披露和风险沟通,企业能够向消费者传递食品安全的信息,加强消费者的食品安全意识,增强企业的市场竞争力。

5.5　案例分析

案例一:农民对卫生套餐生产的认知

为评价农民关于卫生套餐对初级生产影响的认识、指南的先验知识、对横向补充的反应及所测试方法的可接受性,Cerf 等人[103]进行了一项实验。如图 5-1 所示,农场 HACCP 工作组的 8 名成员根据他们参与研究的意愿选择了 14 个农场。表 5-1 列出了这些农场的至少两种产品。首先,工作组向农民通报了研究的目标,即评估 HACCP 准则在初级生产中的适用性。接着,在面对面采访前几天发送了调查问卷材料。为了不打扰农民的工作,采访时间被限制在 3 小时以内,但通常持续 2 小时。采访从参观农场开始。

图 5-1　HACCP 项目评价的农场位置

表 5-1　受访农场的生产情况

农民	位置	产品	对第一部分的反应	第二部分的首选方法
1	Ille-et-Vilaine	家禽、兔子、谷物	+ -	地图
2	Côtes d'Armor	家禽、饲料牛、谷物	+	地图
3	Morbihan	火鸡、牛奶、猪、谷物	+ -	地图
4	Tarn	蜂蜜、鸭子、切肉厂、谷物	+	表格
5	Landes	谷物、毛冠鸡、鸽子	+	地图
6	Gers	谷物、谷物储藏室	+	地图
7	Haute-Garonne	谷物、谷物储藏室	+	地图
8	Ardèche	牛奶和山羊奶、奶酪制作工厂、栗子树、山羊幼崽、饲养犊牛、家禽	-	无地图或表格
9	Vaucluse	蜂蜜、松露、核桃树、栗树	+	无地图或表格
10	Drôme	谷物、杏子	-	无地图或表格
11	Doubs	牛奶、牛肉、谷物	+	表格
12	Doubs	牛奶、小公牛、犊牛	+	表格和地图
13	Doubs	牛奶、小母牛、苹果	+	表格和地图
14	Yonne	蜂蜜、果园、母羊	-	无地图或表格

（1）农民对调查问卷材料的反应：第一部分

要求农民阅读文件的第一部分，并提出意见和问题。如表5-1所示，有3位农民没有按照要求进行（8、10、14），其中，一位农民不了解"卫生套餐"，另一位的反应是"我们不是在实验室"。两位已经实施了良好卫生规范的农民（1和3）认为该文件没有对他们已经采取的措施进行补充。9位农民（2、4—7、9、11—13）对问题和词汇的理解程度令人满意——他们的回答是积极的，因为他们乐于接受，对卫生控制有自己的见解，并已习惯于实施一些良好的卫生习惯。除此之外，他们还指出一些缺点和不足，如农民11认为用语过于理论化，农民12则认为描述过于繁琐，农民2指出，实施良好卫生习惯需要时间，农民5显然有兴趣将这些做法制度化。

（2）农民对调查问卷材料的反应：第二部分

首先要求农民列出所有农产品及其预期用途，包括供家庭消费的产品，并列出现有的良好卫生规范指南、章程、合同或其他适当文件，简要说明其中指出的危害。所有农民都很容易地填写了农产品清单。然而，8—10号和14号农民不愿意或无法进一步填写。农民提到指南或其他文件并不意味着他们使用过这些文件。农民8甚至不同意他在奶酪制作中应该使用的文件。

接着，请农民注意特定的危害和农场内各项活动之间的相互作用和相关的危害。为此，建议采用以下两种方法：

①绘制农场地图，以反映危害的流向。

②填写建议表格，在横线上标明流向（空气、水、材料、操作人员、动物、车辆），在纵列上标明活动，通过箭头表示活动之间可能的相互作用。

根据所选择的表示方法，并在确定了相互作用之后，请农民思考可以制定的控制措施清单。6位农民（1—3、5—7）倾向于使用地图，而农民4、11—13则倾向于填写表格或使用表格与地图相结合的方式，后十位农民能够确定所需的大部分控制措施。

（3）结果分析

虽然抽样农民人数不多，访谈时间也很短，但还是可以从中获得一些信息。在14位农民中，有3位农民对"卫生套餐"有抵触情绪。第9位农民认为自己已经做得很好了，没有特别考虑良好的卫生习惯。其他农民或多或少都意识到了其中的影响，但只有3位已经实施了一些良好的卫生习惯。所有这些人都对调查问卷材料的两个部分表现出了兴趣,他们中的大多数人发现,他们的活动之间存在相互影响,需要采取具体的控制措施。然而,其中一些人对他们必须完成的任务感到恐惧。实验表明,大多数受访农民对"卫生套餐"知之甚少,对现有指南缺乏了解,或者即使知道也不使用。实验还表明,在可利用的时间内,大多数农民发现并应用了一种新的思维方法,认为这种方法很有用。

案例二:某乳制品生产企业实施 HACCP 体系

(1)背景

某乳制品生产企业是一家中型企业,主要生产和销售牛奶、酸奶和奶酪等乳制品。为了提高食品安全管理水平,该企业决定引入 HACCP 体系。

(2)实施过程

①分析危害:企业组建了一个 HACCP 小组,负责进行危害分析。通过对生产过程的详细分析,HACCP 小组识别出了生产过程中可能存在的生物、化学和物理危害。例如,生物危害包括原奶中的病原菌和微生物,化学危害包括农药残留和清洁剂残留,物理危害包括生产设备中的金属碎片。

②确定关键控制点:通过危害分析,HACCP 小组确定了几个关键控制点,包括原奶的接收、巴氏杀菌、灌装和包装等环节。在这些关键环节上,HACCP 小组制定了相应的控制措施。例如,针对原奶接收环节制定严格的原奶质量检验标准;对巴氏杀菌环节设定杀菌温度和时间的关键限值。

③设定关键限值:HACCP 小组为每一个关键控制点设定了关键限值。例如,在巴氏杀菌环节,设定杀菌温度不低于 72℃,杀菌时间不少于 15 秒的关键限值。

④建立监控系统:对每一个关键控制点建立了监控系统。例如,在巴氏杀菌环节,安装了温度和时间监控设备,确保杀菌温度和时间达到关键限值。

⑤制定纠正措施:当监控发现某一关键控制点未达到设定的关键限值时,及时采取纠正措施。例如,如果巴氏杀菌温度未达到关键限值,立即停止生产,重新进行巴氏杀菌。

⑥建立验证程序:定期验证 HACCP 体系的有效性,确保控制措施能够持续有效地控制危害。例如,定期对巴氏杀菌设备进行校准和维护,确保设备正常运行。

⑦记录和管理文件：建立完善的记录和文件管理系统，确保 HACCP 体系的每一个环节都有据可查，便于追溯和审查。

（3）实施效果

通过实施 HACCP 体系，该乳制品生产企业在食品安全管理方面取得了显著成效。原奶的质量得到了有效控制，生产过程中的危害得到了预防和控制，产品的食品安全水平显著提高。企业的食品安全管理水平得到了监管部门和消费者的认可，企业的市场竞争力和品牌信誉得到了提升。

6　风险传播评价

在本章中，我们将首先探讨人们如何看待风险，而不涉及具体计算。在了解风险认知的基础上，我们可以规划、设计和实施更有效的策略来传播收集到的风险信息。风险传播是个人、群体和机构之间交流信息和意见的互动过程，涵盖了关于风险性质的多种信息，以及其他与风险相关的内容。在风险评价活动中，利益相关者之间的有效沟通至关重要，甚至比其他活动更核心。许多例子表明，无效的沟通会导致公众困惑或愤怒，甚至可能延误或取消有价值的项目。因此，传播风险信息的社会责任尤为重要。本章将借鉴公民参与公共计划的长期经验，来确定如何有效地组织和评价风险传播工作，并通过案例分析来阐释风险传播的重要性。

6.1　研究背景

到目前为止，我们的目标是对风险评价中的"数字"方面进行实用性介绍，这些方法可以有效应用于大多数健康或安全领域。在过去的半个世纪里，这些方法得到了广泛发展，并通过毒理学、药理学和分子生物学的改进得到了完善，最终形成了有效、可靠且合理精确的分析方法。

我们已经对风险进行了计算和定性分析，现在的任务是分享、交流和解释我们的结果，并做好讨论的准备，以便利益相关者，特别是公众，能够充分理解、质疑、澄清和吸收这些信息，从而对生命、健康和安全做出明智的决定。

在向公众宣传风险方面，早期的尝试及最近的一些案例并不总是成功的，有时甚至像 Hance 等人[104]所说的那样，成了"恐怖故事"。Fischhoff[105]指出，

"正确处理数字"只是一个复杂过程的第一步,这个过程至少包括8个步骤:

①我们要做的就是确保数据正确。

②我们要做的就是告知公众数据。

③我们要做的就是解释数据的含义。

④我们要做的就是向他们展示类似风险的过去案例。

⑤我们要做的就是证明这些措施对他们有利。

⑥我们要做的就是善待他们。

⑦我们要做的就是让他们成为合作伙伴。

⑧以上皆是。

Fischhoff[105]指出,大多数风险传播尝试只能勉强完成前两个步骤。本书的目标是提高沟通的有效性,同时增强公众、专家及其他利益相关者之间的信任,使这些要素紧密结合。

当今社会比以往任何时候都更迫切地需要对风险传播的过程和方法进行严格审查。通过互联网,我们首次实现了对全球数据库的访问,能够获取更多信息,但同时也带来了无尽的谣言、迷信、误解,使公众感到困惑。

信息从源头(发布者)通过选定的媒介(广播、电视、印刷品和网络等渠道)传递,经由噪声源到达接受者[106]。这里的"噪声"包括各种舆论和影响,如社会、文化、经济和政治因素对风险的放大或减弱,以及公众的敏感或冷漠反应。更重要的是,这种"单向"方法没有提供反馈机会,更谈不上对话,阻碍了受众对合作和参与决策的需求。幸运的是,现代传播者正在逐渐放弃这种方式,转而在社区与专家或机构(无论是私营部门还是公共部门)之间建立一种更耗时但最终更成功的伙伴关系。

6.2　风险传播过程评价

6.2.1　信任和公信力的下降

1976年至1996年间,由于英国等欧洲国家和美国对二噁英、多氯联苯、多溴联苯、杀虫剂等导致的几起重大事件管理不善,公众要求提高透明度、加强问责制并促进对话。最初的发病报告被掩盖、否认、隐瞒或拖延；媒体和公众的询问没有得到及时的回应，他们对决策过程的参与要求也被忽视或仅做表面处理。因此，公众对传统上具有公信力的机构和权威人士的信任开始减弱，他们发布的信息和建议在公众和媒体中的可信度降低。

COVID-19 大流行中，我们看到了许多真实的专家信息来源受到前所未有的质疑甚至嘲笑。尽管质疑本身是科学探索的关键，但我们看到，经过验证的信息和建议被故意拒绝，而反科学的错误信息、阴谋论、虚假评论及来自电视名人和八卦网站的毫无根据的观点反而受到青睐。

彼得·桑德曼[107]强调，信任和可信度不仅决定了传播者被相信的程度，也决定了信息被接受的程度。他指出："机构的行为，以及机构与社区的关系对公众的风险认知有重大影响，比风险的客观严重性影响更大，也远比对风险的任何技术解释影响更大。"信任无法在短期内获得。个人或机构必须通过业绩、一致性和可靠性来赢得信任。

在短期内，最能体现可信度的因素是问责制。虽然信誉可以慢慢建立，但组织或机构的公信力可以通过问责制、透明度、可靠性、响应性和一致性等问题的解决得到强化——确保组织对任何请求或留言都有回应；确保用易懂的语言回答问题，并提供进一步澄清的机会；无论是安排网络交流会还是社区大会，都要确保所有安排都以透明的方式进行，让当地利益相关者对组织、议程和后勤工作提出意见。

如图 6 - 1 所示，在任何涉及风险的复杂信息交流中，由于信息来源与信息接收者之间的感知差异，差距是可以预见的。Leiss 等人探讨了这一"差距"及其不确定性，并将这一中间地带称为"风险信息真空"[108]。他们认为，社会和自然都憎恶"真空"，结果各种神话、猜测和想象中的恐惧迅速填补了这个空间，造成时间的浪费和代价高昂的分心。因此，如果有第三方出于特定利益，设法用带有偏见的内容填补真空，这个障碍就会变成一个令人费解的障碍，拖延甚至阻止前进的步伐。这再次强调了在所有风险沟通活动中透明度、清晰度和明确性的重要性。

| 有关风险的科学信息和专家建议 | "真空" | 公众对风险和后果概念的认知看法 |

图 6 - 1　专家与公众间的信息"真空"

6.2.2 外行与专家:风险的两种认知

专家认为"风险"是概率和损失的乘积,这种看法相对简单。然而,普通公众通常不这么看待风险,他们会根据一系列复杂的标准来判断产品或事件是否危险,是否应该避免。斯洛维奇[109]、桑德曼[107]、汉斯[104]等人研究了这一现象,他们将这些定性标准称为"愤怒"因素。尽管这些启发式方法缺乏客观有效性,但不应被视为不良教育或误解的产物。它们是可测量、可预测、可控制的,并且具有非常真实的影响。现有研究在风险领域已经识别了 60 多个问题[104,107,110],本书仅选取与健康和安全领域更密切相关的问题。

①是自愿还是被迫?

②是自然还是人为?

③是熟悉还是陌生?

④是难以忘怀还是容易忘记?

⑤是不害怕还是害怕?

⑥是慢性的还是灾难性的?

⑦是广为人知还是鲜为人知?

⑧是自己可以控制还是被他人控制?

⑨是公平还是不公平?

⑩在道德上无关还是相关?

⑪消息来源可信还是不可信?

⑫程序是响应还是不响应?

⑬受影响的是非弱势群体还是弱势群体?

⑭影响是即时的还是延迟的?

⑮对儿童或胎儿是无害还是有害?

⑯受害者是无法识别还是可以识别?

⑰媒体关注度是低还是高?

每个"愤怒"因素都以成对的形式呈现。如果一个信息的主题倾向于左侧(如"自然"),则公众更容易接受;如果倾向于右侧(如"人为"),则会面临更多阻力、争论和冲突,而且这些反应往往与经验证据或客观分析没有直接关系。

6.2.3 理解愤怒的动态性

这些"愤怒"因素在各种文化、传统、年龄段和社会经济背景中几乎是普遍存在的。它们比简单的"风险＝概率×损失"定义更复杂，并且在某种程度上是可预测的。

值得注意的是，专家也是公众的一员，当他们不在公众的聚光灯下时，也会对这些启发式方法做出反应。1996 年 8 月，风险分析学会会议在英国萨塞克斯大学召开，来自许多国家的风险评估专家齐聚一堂，参加了开幕式。晚会结束时，所有的奶酪、葡萄酒、小点心和葡萄都被吃光了，但一大盘烤牛肉三明治却完全没有动过。因为 5 个月前，牛海绵状脑病已被证实会传染给人类，虽然来自幼畜的上等烤牛肉并未牵连其中，但这些代表完全避免食用。这个例子中的"愤怒"因素可能涉及之前罗列的第 1、2、3、4、5、7、8、11、12、14、16 和 17 条问题。

桑德曼等人[111]进一步提出，专业与非专业人士在风险认知上的明显区别可以追溯到对风险定义的认知不同。在评价同一问题时，专家重视客观概率×损失，而公众则倾向于更多地考虑"愤怒"因素。当实际(客观)风险和感知(愤怒)风险都很高或都很低时，不会有太多争论。例如，一个社区因当地一所学校出现几例脑膜炎球菌病例而感到威胁和焦虑(高感知风险：1、3、5、8、15、17)，当局迅速做出反应，以易于理解的措辞提供所有必要信息和适当建议，以及社区所需的预防措施和保障，处理过程中几乎没有冲突，沟通也被认为是有效的。

但是，当客观风险和感知(愤怒)风险不一致时，争议和延误就更有可能增加。例如，社区居民深信，石化炼油厂烟囱每天喷出的高可见度白色蒸汽对社区家庭构成威胁(即高度愤怒：1、2、3、4、7、8、14、15)。然而，卫生部门的环境监测数据显示，蒸汽只是无害的冷凝水(低风险)。如果社区的投诉被卫生部门简单驳斥，并暗示焦虑是由于想象和缺乏知识造成的，那么公众对该机构的怀疑就会增加，信任度会降低，问题 11 和 12 也会被列入愤怒名单。如果邀请几位社区代表参与完全透明的监测、分析和报告过程，让他们有充分的机会进行询问和讨论，这种裂痕是可以避免的。

市政工程部门可能会对在洪泛区建造房屋表示担忧。而开发商和潜在购房者却决心完成"梦想家园"的建设和销售,因为他们不曾见过洪水(低愤怒,高风险)。公开决策过程,包括对极端气候的最新预测,以及类似社区因规划限制被放松或忽视而遭受严重损失的详细案例,可以缩小这种风险认知差异。

2020—2022 年的新冠疫情提供了高风险—低风险冲突的实例。公共卫生人员鼓励在高密度地区采取必要保护措施(高风险),但社区成员可能认为风险很低或没有风险。如果忽视风险因素可能会造成巨大损失和破坏。如果不能以与客观风险相同的资源和诚意来正确认识和应对感知风险,必然会导致项目延误,造成资金、精力和机会的损失,有时甚至会导致项目取消。

Chauncey Starr[112] 在风险认知方面的开创性工作中发现,当我们自愿承担风险时,我们接受的风险比被迫承担的风险要高大约 1000 倍。例如,一个人可能激烈地反对镇上饮用水中含有三卤甲烷(致癌风险为 10^{-6}),但却平静地抽着烟,而吸烟的致癌风险接近 10^{-2}。显然,接触三卤甲烷是非自愿的,但吸烟却是个人选择。

6.2.4　风险传播的需求、角色和方法

如表 6 – 1 所示,风险传播至少有四种不同的情景,每种情景都有其自身的特点、动机和潜在冲突,需要采用相应的方法处理。

第 Ⅰ 类风险传播是最直接的:提供和获取信息。在第 Ⅱ、第 Ⅲ 和第 Ⅳ 类风险传播中,我们预计会遇到一些分歧。第 Ⅱ 类情景中,社区可能对风险漠不关心,可能长期认为在洪泛区或易受侵蚀的地区建房不会影响他们的一生。然而,随着极端天气越来越频繁,这种冷漠可能会带来严重后果。

在第 Ⅲ 和第 Ⅳ 类情景中,一部分公众可能会变得咄咄逼人,因为他们认为有关机构没有充分透明,或者在掩盖某些信息。在过去的十年中,尤其是在 COVID-19 大流行期间,社交媒体的普及放大了这种不和谐,未经核实和充满误导的信息源激增,淹没了经过事实检查和验证的官方声音。在这种情景下,信任和公信力往往是最先被牺牲的。公众对机构否认他们所认为的威胁感到沮丧,机构则因沟通失败而质疑公众是否有能力理解问题的复杂性——这是一个危险的假设。需要注意的是,社区中的大多数人通常赞同机构的建议,但他们往往是沉默的参与者。

在涉及潜在冲突的沟通中,可能需要采取一种更缓慢、更细致的方法,花费

额外的时间来探索和承认个人的原有信仰，并反驳错误信息。使用的语言、术语和方法对建立和保持参与沟通的机构和个人间的信任至关重要。否则，"信息"本身就会失去可信度。例如，在医院外的一些人否认 COVID-19 病例的发病率和严重程度，否认重症监护室的压力，靠近事件发生地和通过中立媒体的客观报道也未能改变这些人的信念。

表6-1　四种类型的风险传播

社区动机	例子	潜在冲突	感知风险
类型Ⅰ:服务需求 在危机中,社区需要信息,我们就提供信息。	关于停电时食物冷藏时间的建议。 预计未来48小时内将有暴风雨和山洪暴发的公告。	冲突少或没有冲突。	感知风险和实际风险都很高。
类型Ⅱ:冷漠 社区成员麻木不仁,或不相信存在危险,或不认为自己有危险。	早期的禁烟计划。 首次尝试鼓励在汽车中使用安全带。 在大流行病中鼓励使用口罩和接种疫苗,而某些群体并不认为他们会面临风险。	中度冲突,危险显然迫在眉睫,但许多公众否认或拒绝承认这种风险,抵制或拒绝采取必要的预防措施。	感知风险低,而实际风险高。
类型Ⅲ:冷静 社区成员认为他们的健康或安全受到威胁的程度远远超过证据所能支持的程度。	地下水中的一种微量污染物。 食品中的防腐剂。 包装中的增塑剂。 错误地认为疫苗会导致其旨在预防的疾病。	可能极具争议性,情绪和动机会延伸到公众抗议和非暴力反抗。	感知到的风险远高于实际风险,焦虑成为真正的危险。
类型Ⅳ:错误路径 社区成员相信其他补救措施、行动或解决方案比有证据支持的措施、行动或解决方案更有效。	羟氯喹或其他治疗COVID-19的无效疗法。 就白血病儿童的无用治疗方法向家长提供虚假建议。 相信祈祷、维生素或"超级食物"可治愈癌症。	如果选择的替代方案是危险的,或者是以牺牲有效解决方案为代价的,那么分歧就会很激烈,并可能涉及道德争论和法律干预。	在拒绝接受证据和经验的同时,还极力维护自己坚定的(错误的)信念和看法。

遗憾的是，在国际舞台上，许多沟通失败、延误或计划不周的例子仍然留在公众和媒体的记忆中，为进一步的不信任埋下了种子。如果教育和对话失败，

可能需要采取激励措施,甚至立法和执法。例如,在 20 世纪 70 年代中期以前,汽车上的安全带并不常见,直到立法要求制造商将安全带作为标准设备安装,并要求使用者在罚款的威胁下"系好安全带",人们才普遍遵守。在洪泛区的土地上建造住宅会受到政策的禁止,但政策经常会受到土地开发商的质疑,他们不顾灾难性洪水的威胁申请例外建造,因为他们不记得上一次河水泛滥是什么时候——这就是 NIMTOF(Not in My Term of Office,不在我的任期内)原则的体现。

6.2.5　应对风险传播的内在困境

除了每个愤怒因素中固有的负面特征外,还有一些其他现象会阻碍风险信息的传播或被接受,例如:

①媒体平衡报道的误导。媒体常常在有争议的话题上呈现对立的观点,试图保持"平衡"。问题在于,媒体可能会让人们误以为两种对立观点同样有效。例如,如果一位代表 99.5% 的科学家,和另一位只代表 0.5% 的异见者,媒体对他们的平等报道会误导公众,以为两种观点在科学界的支持度相当。这种看法会影响公众舆论,使其偏离现实,转向谬误。

②专业人士之间的分歧。公开的技术性讨论可能不会直接影响结果,但如果旁观者看到资深专家之间意见不一致,可能会认为"如果专家们都不能达成一致,那也许没有人真正知道"。因此,技术细节的争论应在内部解决,以便公开时能呈现一致的立场。

③新信息或估算变化。公众对一致且稳定的信息更有信心。然而,科学必须根据新证据和新分析不断调整结论。这种变化可能会引起怀疑,公众会问:"为什么他们改变了主意?"科学家应利用机会解释新信息如何改变了对问题的理解,避免突如其来的信息变化导致的不信任。

④过于自信的承诺。声称"绝对没有风险"或某事物"100% 安全"会引发怀疑。相反,承认不确定性和信息的不完整性会增加信任。例如,承认无法完全消除风险但已采取措施减少风险,会更容易获得公众的信任。

⑤公众对敏感事件保持警惕。新闻报道、纪录片甚至电影可能影响公众对风险的看法。例如,《大爆发》上映后,加拿大安大略省怡陶碧谷(Etobicoke)宣布开设一个生物安全实验室,结果邻居们的抵触情绪非常强烈,最终实验室没能用于预期的高安全级别工作。

⑥不受信任的信使。只有当信息传递者被信任时，信息才会被接受。如果传递信息的人对受众来说是陌生人，需要通过与社区中值得信任的人公开合作，来建立信任。每一句话、每一个行动都必须透明公开，以建立责任感，这是信任的短期替代品，信任是慢慢获得的，而且永远是通过行动获得的。

⑦公众对风险评价语言与意义理解的偏差。风险评价通常采用最坏情景的保守估计，这意味着大多数公众面临的风险比估计值要小。然而，这种"保守估计"容易被误解为低估风险。传播者应及时澄清，确保公众理解实际风险。

⑧明确性和透明度不足。过度使用专业术语和技术语言会混淆信息，疏远公众。"不予置评"的回应会引发更多的猜测。透明公开的沟通可以避免"风险沟通真空"，防止公众怀疑和阴谋论的产生[108]。

⑨极大或极小数值。公众对非常大或非常小的数字往往缺乏直观的理解。尽量将示例和比较保持在公众熟悉的范围内，以便其更好地理解风险。

⑩指数误区。公众难以理解指数变化，而许多风险评价都是指数形式。在转述这些数值时，需要确保这些数值被真实理解。例如，风险累积的计算往往被误解，传播者应以易懂的方式解释指数变化。

⑪风险缺乏比较。风险不应孤立地讨论。通过比较相似或同等活动的风险，能使利益相关者更好地理解风险。例如，将地下水污染风险与其他技术的风险进行比较，而不是与葡萄酒消费的风险比较，这样更有意义。通过将增量风险与背景风险进行比较，可以更真实地揭示实际风险。

6.3 风险传播模型

健康沟通领域的专家通常将关于严重危害公共卫生安全可能性的消息框定为风险传播（Risk Communication）[108]，但在组织环境包括企业背景和灾害管理中，这些观点更常被框定为危机传播（Crisis Communication）[113]。此外，业界也一直在就如何促进公众健康进行议题管理，并试图影响涉及健康问题的公共政策。然而，COVID-19事件需要与以往不同的公共卫生传播形式，学者们通过识别新情景下公共卫生传播的特点，提出一种综合的公共卫生事件应急方法，结合风险传播和危机传播的特点，构建危机和应急风险传播模型（Crisis and

Emergency Risk Communication，CERC)[114]。

6.3.1 危机和灾害期间的传播

一般来说,自然灾害和公共卫生紧急事件的管理始终包括一个重要的沟通部分,包括警告、风险信息、疏散通知、自我效能的信息等。然而,不同类型的危机表现出不同形式的威胁和沟通需求[115]。例如,暴发洪水时,通常建议居民饮用瓶装水或将水煮沸以避免水源性病原体的传播。相比之下,公共卫生应急事件通常涉及特定疾病的暴发或来自环境和生活方式因素的特定风险识别,例如,受大肠杆菌污染的碎牛肉等食源性病原体对公共卫生构成的风险。在这种情景下,公共卫生机构将追踪疾病的来源,采取行动停止污染,发布警告和召回信息,并向公众提供关于症状、治疗和避免暴露的方法的信息[116]。

然而,911 袭击和炭疽暴发造成的生物恐怖主义的阴影,引发了危机对公共卫生造成大规模伤害的可能性,其涉及肉毒杆菌、鼠疫、炭疽、天花、芥子气和沙林毒气及放射性材料等场景,可能会对公共卫生造成广泛伤害。此外,尽管严重急性呼吸综合征(SARS)和 H5N1 禽流感等疾病的起源不那么恶意,但它们同样会对公共卫生造成广泛危害,这些风险技术评价显示出高度的风险。

这些风险对公众来说是未知的,因此低熟悉度被视为不自然和异乎寻常的,并且会产生高度的不确定性。在大多数情景下,这些风险涉及肉眼看不见的生物体和以前在一般人群中未曾出现的疾病和症状,普遍缺乏熟悉感可能会加强公众对风险的感知。此外,这些新兴威胁需要各机构之间的更多合作,例如各种执法部门、地方和中央的官员,以及应急管理和国土安全基础设施部门的通力合作。甚至在某些情景下,威胁可能会被政治化,进一步增加复杂性。与其他形式的风险传播一样,这些新兴威胁对医学和公共卫生界以准确、可信、及时和令人安心的方式进行传播提出了挑战。

6.3.2 风险传播和危机传播

风险传播是一个成熟的研究和实践领域,能够为各种公共卫生活动提供有用的信息。Covello[117]将风险传播定义为"在利益相关者之间交换关于风险的性质、规模、重要性或控制的信息"。因此,风险传播与威胁感知和评价密切相关。在实践中,风险传播通常涉及发布关于健康风险和环境危害的公共信息。

Witte 等人[118]指出,风险传播主要是基于恐惧诉求的说服手段的信息,旨在通过呈现威胁和描述可能减轻威胁的行为来引起行为改变。风险传播还基于公众对风险和危险有普遍知情权的假设,信息的可用性使公众能够就风险作出知情选择,进而促进群体决策和风险共享。

Sandman[111]提出了一个风险模型,将风险视为危险(定义为技术风险评价)和愤怒(定义为文化视角)的函数,该模型已成为公共卫生风险沟通工作的框架。此外,他对愤怒相关因素的详细描述提供了评估公众对各种风险因素反应的基本框架,其他有效沟通的基本原则也对风险传播的实践产生了影响。受众倾向于简化信息,风险信息应包括一些可以采取的自我效能行动以减少风险。信息在战略上与受众的需求、价值观、背景、文化和经验相匹配时效果更好。风险信息应清晰简明,诉诸理性和情感,并提供解决问题的方法。公共卫生领域的风险传播实践对信息的处理大多采用了这些特点,通常通过主流媒体以一般劝说活动的形式传播,他们向公众提供信息并改变其行为,从而保护和改善公众的健康和安全。

公共关系(Public Relations,PR)形式的沟通也是危机后的传统活动。组织危机,例如工厂爆炸、员工暴力、毒物泄漏或交通事故,通常会广泛引起公众和媒体的关注及批评。这种危机传播形式需要熟练的沟通者在危机引发的批评、威胁和不确定性面前战略性地捍卫和解释组织的立场。在危机期间,公共关系从业人员通常面临敌对和好奇的媒体,并提供关于出了什么问题、原因是什么及正在采取什么措施的解释。因此,从历史上看,危机传播充当发言人、缓冲器和信息传播者的角色[115]。这种观点通常涉及两种防御策略——"否认危机存在,拒绝回答媒体问题,并抵制政府机构适当的介入"和"发布部分信息,通常是不准确和延迟的信息,同时隐瞒不利事实"[119]。这种危机后的公关策略助长了公众对组织和公共关系愤世嫉俗的看法,损害了组织的信誉,往往显著增加了对组织的损害。随着公共关系角色的扩展及危机变得更加普遍,危机传播的概念也随之扩展。其中一个基本变化是公共关系从业人员的基本原则之一变为:始终要求对危机作出诚实、坦率、及时、准确和完整的回应。

危机传播涉及发送和接收信息,防止或减少危机的负面结果,从而保护组织、利益相关者或行业免受损害。因此,它是更大的危机管理功能的一部分。Fearn-Banks[120]指出:"危机传播是在负面事件发生前、期间和之后,组织与其利益相关者之间的口头、视觉或书面互动。"这些沟通过程旨在减少和遏制损害,向利益相关者提供具体信息,启动并增强恢复,管理形象和责任感知,提供支持和援助、解释和辩护行为,并促进愈合、学习和改变。危机传播旨在解释具体事件,确定可能的后果,并向受影响的群体提供具体减少损害的信息,以诚实、坦率、及时、准确和完整的方式进行沟通。

危机传播和风险传播之间的一个主要区别在于它们的起源。危机传播通常与公共关系相关,旨在通过战略性地管理公共感知来减少组织和利益相关者的损害。公共关系一直在努力"开发沟通模型和框架,以指导实践并帮助限制和减轻对组织和其他危机利益相关者(如受害者及其家属)的损害"[115]。危机传播也开始更多地借鉴在公共紧急情况下的沟通需求,如地震、洪水、飓风等。这可能涉及传播关于撤离、减少损害的资源和程序,以及可能的额外损害信息。应急公共信息最常与自然灾害相关,旨在"通过向公众提供信息来保护健康、安全和环境",以及"恢复公众对组织管理事件能力的信心"[121]。

相比之下,风险传播最常与识别公共健康风险和努力说服公众采用更健康、更少风险的行为相关。例如,关于吸烟危害的公共活动是风险传播的典型代表。类似的活动还包括关于 HIV/AIDS 和安全性行为、酒驾、酗酒、疫苗、药物滥用和各种疾病的筛查活动,旨在传播有关风险的信息并说服公众相应地改变他们的行为。风险传播还涉及传播关于环境危害的信息,例如与化学和毒性污染物、致癌物、病原体及环境危害相关的风险。Lundgren[122]还描述了关于慢性、地方性疾病的沟通,称之为关怀沟通。这种形式的持续沟通鼓励长期的行为和环境变化。这些不同观点的基本假设是,向公众提供信息可以让他们选择避免或减少暴露,管理一种情景或风险,或两者兼而有之。此外,还可以在卫生服务提供者、社会服务机构和学校传播的各种手册中找到更具体和详细的警告。最后,风险传播还与自然灾害相关,主要以事件前的警告形式,例如撤离建议、在洪水情况下煮沸饮用水以避免进一步的危害。

风险传播的一个重点是被宽泛地描述为寻求对风险的理性理解。公众对风险的普遍理解时常与科学事实不符。风险传播往往寻求确定说服策略,以便公众能够被说服接受关于某种风险的特定观点。常见的策略包括借助具有高度可信度的技术专家等人背书,以及将科学信息转换成适合普通受众的信息。因此,未能接受这种技术观点的风险被视为沟通无效、可信度低或误解的案例。

此外,很多风险传播以恐惧诉求为基础,用于劝说信息,通过引入某种威胁(例如在某种条件下可能发生的健康危害)和假设条件的变化(例如某些生活行为方式的改变),随后提出减轻威胁的方法。这种解决问题的信息结构已成为基本的劝说形式。

总之,风险传播和危机传播具有很多共同点。实际上,危机传播是风险传播的一种更为聚焦的形式[122]。这两种沟通形式都涉及旨在引起公众特定反应的公共信息,这些信息主要通过大众沟通渠道传播,尽管它们也具有公共沟通和群体沟通的维度。风险传播和危机传播都以可信度为基本的劝说属性,尽管它们表现不同。两者的主要目的是限制、遏制、减轻或减少公众伤害。除了这些基本的共同点,风险传播和危机传播在一些重要的方面有所不同,具体表现如表6-2所示。

表6-2　风险传播和危机传播的特征区别

特征	风险传播	危机传播
目标	涉及已知负面后果的概率及其如何减少的信息;涉及技术理解(危害)和文化信念(愤怒)。	涉及关于特定事件当前状态或条件的信息;涉及规模、紧迫性、持续时间和控制或补救;涉及原因、责任及后果。
方式	主要是劝说性,例如广告和公众教育活动。	主要是信息性,例如通过媒体传播的新闻或警报系统广播。
频率	频繁/常规。	不频繁/非常规。
载体	发送者,以信息为中心。	接收者,以情况为中心。
信息	基于当前已知的信息,例如科学预测。	基于已知和未知的信息。
周期	长期(危机前)信息准备,例如活动。	短期(危机)较少准备,例如响应。
人员	技术专家、科学家。	权威人物或应急经理、技术专家。
范围	个人范围。	个人、社区或区域范围。
渠道	通过广告、宣传册传播。	通过新闻发布会、新闻稿、演讲、网站传播。
形式	控制和结构化。	自发和反应性。

例如,风险传播和危机传播的基本目标不同。风险传播信息涉及某种伤害的概率及减少概率的方法,通常基于当前对特定风险因素的科学和技术理解及

文化或社会信念,旨在通过劝说将对风险的技术理解转化为行为。相比之下,危机传播信息涉及特定事件的已知和未知信息,通常以"我们目前所知道的"为特定措辞,并辅以关于正在收集的额外信息或进一步减轻损害的讨论。危机传播信息更侧重于告知而非劝说。随着对风险的理解,特别是技术和科学理解的扩展,以及公众对更多信息需求的增加,风险传播已扩展并成为一种日益普遍的公共信息形式。相比之下,危机传播在很大程度上仍然是特定事件的特定沟通,尽管危机前规划已鼓励应急管理者超越特定事件的范围,但本质上是非常规的,并且更受时间和事件的限制,需具体到特定危机的条件。风险传播在某种程度上更关注发送者(以信息为中心),因为有时间仔细制作信息,确定和测试诉求,并通过目标媒体渠道传播信息。危机传播则更关注接受者,因为它试图在更自发、控制较少的情况下回应公众的即时信息需求。由于它们更自发,危机传播信息通常不那么精致,更常以新闻发布会或公告的形式出现,通过印刷和广播新闻渠道传播。

6.3.3 危机和应急风险传播

近年来,学者们努力将风险传播和危机传播的概念结合起来,形成一种被称为危机和应急风险传播(Crisis and Emergency Risk Communication, CERC)的实践[114],由美国疾病控制与预防中心主导,旨在应对生物恐怖主义及其他全球公共卫生新兴威胁下的健康沟通需求。这些沟通必须是战略性、广泛性、响应性和高度权变的,其强调危机的发展特征,以及事件发展的各个阶段中不同受众的各种沟通需求和紧急情况。因此,CERC采用了一个过程视角,将危机视为从事件前的风险发展阶段开始,经过触发事件爆发的危机阶段,直至事后的清理和恢复阶段结束。这些沟通工作的范围和性质比许多传统的风险传播或危机传播模型更广。在危机前阶段,传统的健康促进和风险沟通观念既适用于教育公众注意潜在威胁,也适用于鼓励适当的准备和减少风险的行为。例如,更广泛地教育公众关注天花,传达疫苗接种风险并向特定公众普及疫苗接种,可以被理解为一种健康促进和教育行为。然而,类似的公共教育活动是在潜在的生物恐怖主义威胁的大背景下进行的,如果这种威胁出现,将导致广泛的公共卫生和国家安全危机。

需要指出的是，在某种程度上，这些类型的危机前警告在其他更熟悉和常规的风险背景下也曾发生过。例如，定期遭受严重天气影响的国家地区（如飓风或暴风雪），通常通过当地紧急管理办公室进行事件前警醒，以提高应急准备水平。警醒手段通常包括鼓励居民储备应灾用品，如手电筒、电池、水、食品和关键药物等，并密切关注天气情况。此外，在极端飓风威胁的情况下，紧急管理办公室经常建议居民撤离。在流感季节之前，公共卫生部门经常发起各种卫生活动，鼓励公众接种疫苗。

当威胁爆发进入危机阶段时，会出现不同的受众和沟通需求，包括紧急的威胁和紧迫的时间框架，要求更直接的回应。例如，某个直接受到危机影响的受众群体，包括受害者、潜在受害者、近亲、应急人员、第一响应者和其他直接受事件影响的人，及时与这一群体沟通可以帮助减轻或控制伤害。及时沟通可减少不确定性，使受众能够对发生的事情有基本的理解，以便他们能够采取适当的行动。如果没有及时传播相关危机信息，公众和受影响的群体可能无法理解整个事件，进而在实际上有相对伤害程度的活动增多。例如，志愿者赶赴灾难现场实际上阻碍了应急响应。此外，危机阶段可能要求公共卫生沟通者发布具体的建议，说明如何避免或减少伤害，哪些症状可能表明需要关注，以及去哪里接受治疗。大规模的危机事件通常需要推荐疏散或就地避难的消息。更进一步，危机传播还试图减轻公众中普遍的焦虑和担忧。那些没有直接受到影响但有高度焦虑的人有时被称为"担忧的健康人"。如果没有足够的信息了解事件的性质和他们面临的风险，这些"担忧的健康人"可能会压垮现有的医疗能力。因此，许多应急危机计划包括为那些没有直接或立即受到影响的人提供二级评估中心的条款。及时向公众传达有关信息是危机沟通的核心功能。

紧急情况或危机的最后阶段通常被描述为危机后阶段。危机后阶段是一个事后分析、评价、学习和建立新的风险理解和风险规避的时期。在许多情况下，危机后阶段也是媒体和公众探讨危机原因、反应的适当性，以及谁应该承担责任和质疑的时期。例如，西尼罗河病毒爆发后，有人指责公共卫生官员和市政府没有采取足够的行动或没有迅速作出反应。这些批评和质疑促成了关于监测、喷洒蚊子和幼虫杀虫剂的新政策和程序。尽管危机后阶段不再给人造成立即的威胁感，但需要持续的沟通，以了解新的风险并修订程序和政策。

6.3.4 CERC 模型

正如前一小节所述,危机传播和风险传播的综合形式(即危机和应急风险传播)在风险因素演变为危机事件并最终清理和恢复的整个阶段中,结合了有效的风险传播和危机传播原则,这个过程的模型如表 6 - 3 所示。

表 6 - 3 CERC 模型

Ⅰ.危机前阶段(风险信息;警告;准备) 针对公众响应社区的沟通和教育活动,以促进: 监测和识别新兴风险; 公众对风险的一般理解; 公众为可能发生的不利事件做准备; 改变行为以减少伤害的可能性(自我效能); 关于某些即将发生威胁的具体警告信息; 与机构、组织和团体的联盟与合作; 专家和第一响应者的共识性建议的提出; 后续阶段的信息开发和测试。
Ⅱ.初期事件(减少不确定性;自我效能;安慰) 迅速向公众和受影响群体沟通,旨在: 同情、安慰并减少情绪动荡; 指定危机或机构发言人和正式的沟通渠道和方法; 根据可用信息对危机情况、后果和预期结果进行总体和广泛理解; 减少与危机相关的不确定性; 具体理解关于应急管理和医疗的社区反应; 理解自我效能和个人反应活动(如何及在哪里获取更多信息)。
Ⅲ.维护阶段(持续减少不确定性;自我效能;安慰) 向公众和受影响群体沟通,旨在促进: 公众更准确地理解持续风险; 理解背景因素和问题; 广泛支持和配合响应恢复工作; 纠正来自受影响公众的反馈、误解和谣言; 继续解释和重申第二阶段开始的自我效能和个人反应活动(如何及在哪里获取更多信息); 基于对风险和利益的理解作出知情决策。

（续表）

IV. 解决阶段(关于解决方案的更新;关于原因和新风险或风险新理解的讨论) 面向公众和受影响群体的公共沟通和活动,旨在: 通知和说服公众有关正在进行的清理、修复、恢复和重建工作; 促进广泛、诚实、公开的讨论并解决有关原因、责任和反应适当性的问题; 改善公众对新风险的理解及对新的风险规避行为和响应程序的理解; 促进机构和组织的活动和能力,以树立积极的企业形象。
V. 评价阶段(对反应充分性的讨论;关于经验教训和风险新理解的共识) 针对机构和响应社区的沟通,旨在: 评估和评价反应,包括沟通的有效性; 记录、形式化和传达经验教训; 确定改进危机沟通和危机反应能力的具体行动; 创建与危机前活动的联系(第一阶段)。

　　五阶段的 CERC 模型假设危机会以大体可预测和系统化的方式发展:从风险到爆发,再到清理和恢复,直至评价。这种系统方法的一个重要价值在于它减轻了不确定性,使危机管理者能够前瞻性地预测并预见后续的沟通需求和问题。然而,也有一些潜在的危机和紧急情况可能由于各种因素而不遵循这一顺序,包括早期阶段的有效风险控制、次生冲击的出现或意外的相互作用。例如,一些观察者描述了一种慢性危机,这种危机会在较长时间内发展到危机阶段。但是,需要认识到所有危机都可能会有意外的、非线性的维度和相互作用,会使管理者无法做出精确的预测[123]。例如,可能会出现意想不到的受众和受众需求;新的未知威胁可能会加剧风险,并需要一套新的应急沟通策略;在一些灾难中,公共沟通渠道受到破坏,要求以替代方式传播风险和警告;重要的危机管理人员可能受伤或无法到位。尽管有上述限制,CERC 模型提供了一个综合的方法,将风险和警告信息与危机传播活动连接成一个更广泛的沟通形式。

　　总而言之,危机和紧急情况的性质与范围的变化、公众面临的威胁水平和种类的变化,以及媒体覆盖的普遍性,要求采取更全面的沟通方法。CERC 模型基于对危机发展特征的广泛认知,将许多现有活动整合到更全面的沟通系统中,同时还倡导关于危机和紧急情况的有效沟通必须在事件爆发前就开始准备,并在紧急威胁消退后继续进行。CERC 模型在很多方面承认了风险的普遍性,并且认为威胁公共健康和福祉的紧急情况和危机可能会变得越来越普遍。

6.4　风险传播焦点识别

在各种领域中,越来越多的人希望掌握专业风险知识的人能够将潜在危害告知风险承担者和其他利益相关者。然而,对于何时、何地、由谁、向谁,以及在什么条件下进行这种传播,人们的期望往往超出了目前的知识水平。显然,我们需要通过研究相关经验和多学科视角来深化对有效风险沟通的理解。我们将探讨六个已确立的公众参与的主要焦点,这些焦点基于经验总结、概念框架及与风险沟通相关的命题。

6.4.1　公众参与的方式与目的

不同的人对公众参与(或风险沟通)的期望不同。公职人员通常认为公众参与是实现特定目标的一种手段,这些目标通常包括保护公众健康和安全、为机构计划建立支持基础、减少冲突或提高决策的合理性。相应地,机构设计的参与工作往往以"纠正误解""教育公众"和"便于实施"为目标。

相比之下,公众参与者尤其是风险承担者更注重参与过程的公平性和决策权的分配。他们不仅关心风险水平的适当性,还关心谁有权做出这些决定,以及决策过程中权利的分配。在这种情况下,向风险承担者通报风险成为政治斗争的一部分,通常会引发对更多风险信息的需求。

Edmund Burke 和 Sherry Arnstein 对公众参与的经典论述很好地说明了这些不同的方法。他们认为,公众参与是利用公众的知识和视角来补充机构的专业知识,以提高决策合理性和执行力的手段[124]。而 Arnstein 在《公民参与阶梯》一书中则强调,公众参与是无权者从有权者手中夺权的斗争[125]。

这种期望上的冲突在危险废物清理工作中尤为明显。环境保护局需要提供准确的信息,包括风险的不确定性,但社区则关注风险产生过程中的不足和不公平。由此引发的争论,更多是关于谁控制风险处置决策的问题,而不仅仅是风险的确切程度或"足够干净"的标准。在这种情况下,风险沟通成为社区团体抗议和讨价还价的手段[126]。

与风险承担者的沟通必然涉及风险决策过程的讨论,这提出了一些需要回答的问题。如何将风险沟通和风险分配问题分开，以避免它们相互影响和混淆善意的努力？如果管理过程不令人满意，能否促进公众对风险的理解？哪些机构或私营部门的经验在成功分开这些令人担忧的问题方面最有借鉴意义？

6.4.2 及时和持续的公众参与

项目、计划或设施的开发者常常在开发过程的后期才让公众参与进来。此时，重大决策已作出，选择有限，开发商和监管机构也已承诺支持该项目。这种"决定—宣布—辩护"或"选址机会主义"的方法在有毒设施选址等方面广泛应用，并受到强烈批评[127]。这种做法往往导致关于风险的激烈冲突及对风险管理者的不信任。因此，公众参与分析者普遍认为，应在审议和决策过程中尽早开展让公众知情和参与的活动，并在整个过程中持续进行。

信息提供的时间对信息的利用和决策过程的影响至关重要[128]。一般来说，早期提供的信息对决策的实质可能产生最大的影响。在这一阶段，无论是风险承担者还是风险管理者，都最容易接受信息。然而，某些因素限制了及早提供风险信息：风险科学评估通常不够充分和传播信息的成本效益较低，因为有许多候选者在争夺注意力，及早传播信息增加了反对的机会[128]。

如上所述，尽早提供信息对风险传播者来说显然是一种权衡。一方面，一旦确定了风险状况，参与的必要性就要求立即将相关信息传递给潜在的风险承担者。如果做不到这一点，公众就会认为他们缺乏坦诚或有意隐瞒。另一方面，风险管理者也需要相应地掌握尽可能多的准确技术分析，以及将信息（连同相关的背景数据）转化为相关公众可接受形式的方法。三哩岛事件和爱运河事件的发展，有力地说明了相互矛盾的信息可能造成的损害，特别是当大众传媒进行密集报道并过分关注夸大其词时[129]。

为了避免这些问题，风险传播者应遵循以下原则。

• 及早参与：在项目初期就让公众参与进来，以确保他们有机会影响决策过程。

• 持续沟通：在整个项目过程中保持信息的持续流动，确保公众始终了解最新进展。

• 透明公开：及时、透明地提供信息，避免隐瞒和误导，以建立和保持公众的信任。

• 简明易懂:将复杂的技术信息转化为公众可以理解的形式,避免使用专业术语和复杂数据。

这些措施可以提高风险沟通的效果,减少因信息延误和不透明带来的不信任和冲突。

6.4.3 信息可信度与机构信誉度

在涉及潜在的人身伤害时,信息的可信度在很大程度上取决于人们对信息传播者的信任和信心。如果传播者被视为不具备权威性或能力不足,那么所提供信息的可信度也会相应降低。同样,如果过去存在风险管理不善,人们的怀疑和不信任会影响当前的风险沟通。

社会信任是多层次的。首先,它包括对机构能力的判断——该机构是否具备强大的信息处理能力及必要的专业知识和信息来履行其使命,保护公众健康和安全。其次,机构必须被视为公正,在开展活动时不受隐藏议程或特定利益的影响。最后,人们相信该机构关心其服务对象,在决策时采用适当程序,并为公众提供充分的表达机会。缺乏其中任何一个都会损害机构获得的信任,削弱与风险承担者沟通的能力[130]。

在社会信任度较低的情况下,需要明确认识到机构的短期目标和长期目标可能不一致,甚至可能相互冲突。短期目标是尽可能有效地传递特定信息,使机构履行其告知义务。这可能需要采取特殊措施,如建立新的传播渠道、寻求公众更信任的独立信息来源的帮助。从长远来看,需要恢复社会信任,需要大量的组织和财政资源。

实际上,一个组织以统一的声音发声,需要付出代价。在某种程度上,风险传播中的小规模冲突需要被纳入恢复社会信任的大设计中。这意味着,在解决眼前问题的同时,还要注重建立长期信任,通过透明、公正和关怀的方式进行风险沟通。这样不仅能够有效传递信息,还能逐步恢复和增强公众对机构的信任。

6.4.4 本土技术与资源开发

在复杂的技术争议中,公众通常处于明显的劣势地位,即使他们对此非常关心和投入。技术专家之间意见不一致,风险评价难以理解,价值问题界定不清晰，这些因素导致公众容易感到恐惧并想办法去避险。在这种情况下，如果能为风险承担者提供他们能够掌控的技术和其他资源，他们就能更明智地判断风险。当然，这只有在某些特定的风险情景中才可能实现，例如风险承担者明确可辨且风险集中而非分散的情况下。总体而言，增强技术能力对于有效的社会风险管理至关重要[131]。

风险承担者对风险传播的反应和参与风险评价的能力依赖于技术资源和环境的存在，这些资源和环境使个人、社会群体和社区能够提升他们的分析和沟通能力。这涉及公众自我感知风险的一般方式，例如，在三哩岛周围部署的辐射监测器和洛杉矶的空气污染监测仪器。有时，这可能涉及资金和信息支持，如允许社区建立自己的公民小组，以评估特定开发项目的环境和社会影响（如阿拉斯加输油管道）。在需要高度技术专长的情况下，可以由开发商资助，成立由风险承担者组成并向开发商报告的专家小组，以提供独立的风险评估和管理计划的有效性保证。

显然，成功的风险传播计划往往是那些将丰富信息与强大行动能力相结合的计划。仅增加信息而不建立相应的行动机制，可能导致风险沟通最终走向失败，也很难激发个人获取信息的积极性。瑞典的工人参与健康和安全事务是一个成功的范例，将广泛的风险传播与国家研究、工人教育和培训、地方安全代表以及各种工人求助手段相结合[132]。相反，Kasperson 提到的 20 世纪 60 年代的社区行动方案缺乏相应的行动机制，最终削弱了方案的效果[133]。

6.4.5 公众参与门槛和沟通战略

Verba 等人[134]在《美国的参与》中将公众参与者分为 6 类，这些类型基于他们对政治的态度和行为。

①非积极分子：不参与政治活动，对政治在心理上疏远。

②投票专家：只在投票时参与政治活动，不太可能在社区冲突中偏袒一方。

③狭隘的参与者：将政治参与限制在个人生活中的具体问题上。

④社区主义者：参与社区的目标活动，具有较高的政治参与意愿和信息水平。

⑤竞选活动积极分子：党派归属感强烈，在社区冲突中站队，对问题的立场相对极端。

⑥完全积极分子:在各方面都高度参与,包括参与冲突和社区贡献。

这种分类提供了"公众不是一个,而是多个"的观点。个人通常关注特定政策问题和参与领域,因此需要针对特定社区中的各种社会群体采取不同的风险沟通策略,因为每个群体都有自己的动机和关注点,对不同的风险问题也有自己的参与门槛。

参与类型在一定程度上解释了"参与悖论"的存在:受特定风险或预期发展影响最大的人可能最不参与,也最难接触。因此,公众可能对沟通和参与有抵触情绪。即使是"利益相关者",也不一定对特定的风险沟通方式作出反应。

目前,关于公众对风险反应的理解在很大程度上依赖于心理学家的共同努力。然而,还需要对风险考虑、辩论和意见形成有更深入的了解,这些都发生在现实社会生活中。面对风险,大多数人不会孤立行动,而是会寻求更多信息、同伴群体、社区中可能存在的相关经验及与其他社会问题的潜在联系。在这种情况下,信息的来源、沟通渠道的作用、看法的验证方式、信息的可信度及正在发生的事件对社区的影响都是至关重要的。因此,研究议程需要丰富内容,只有这样,风险沟通计划才能建立在试错经验和民间实践的基础上,提供更多的依据。

6.4.6 预测技术的有效性

在公众参与领域的文献中,许多讨论是在案例研究的背景下展开的,探讨了可用于促进公众参与和沟通的技术,以及每种技术的优劣势。Rosener[135]在《技术与批评的自助餐厅》一文中列举了42种沟通技术,涵盖了从基于有线电视的互动参与到"鱼缸"规划等各种方法。这些方法通常都是根据经验总结出的常识性见解,或者可以说是从历史教训中得出的。

一般而言,通过公开听证会进行的沟通和参与效果并不理想,往往会导致公众与机构之间的疏远,其问题在于:首先,与公众的沟通常采用外行人难以理解的技术性语言;其次,双向的信息交流受到严格程序规定的限制;再者,参加听证会的人往往不能代表该地区的人口;最后,收集到的信息往往对机构的决策产生微弱的影响[136]。实际上,无论听证会的目的是什么,它们往往只是为了满足最低法律要求和实现机构目标,比如为机构计划争取支持、化解现有或潜在的对立情绪。

基于当前的认知水平，风险传播计划应该：

①将其视为一个研究问题，因为目前的知识基础有限；

②针对不同的计划目标采用不同的机制；

③尽可能采用对照组；

④进行严格的评估。

这是一个简单明了的社会科学方法，但却很少得到实施。设计和实施失败的部分原因在于，参与（和风险沟通）计划很少接受持续和回顾性评价。因此，评价策略很可能需要大量的关注和投入，包括定义适当的基线研究、衡量风险认知中的变化、将有计划的传播与无计划的传播分开，以及在混乱和不断变化的信息环境中将信息与观察到的行为结果进行因果联系。

6.5   案例分析

案例一：切勿重复虚假陈述

面对错误的指控或挑衅性的言论，最糟糕的反应就是重复错误的言论。以下是一个例子。

记者问："今天早上我们听到一则消息，说医院里的一名食品处理员是伤寒杆菌的携带者。您如何回应？"

回答 A："食品处理员携带伤寒杆菌？我告诉你为什么——因为所有医院的食品处理员在入职时都要接受检测，而且每年一次！所以说食品处理员携带伤寒杆菌是完全错误的！"

在这个例子中，"食品处理员携带伤寒杆菌"在问答中被重复了 3 次，这可能会进一步传播错误信息。避免这种情况的方法如下。

回答 B："所有医院食品处理员在入职时都要接受测试，之后每年都要接受测试。我们正在调查此事。医院的餐饮服务部门正在采取额外的预防措施，我们已安排所有食品处理员在未来 3 天内重新接受测试。一有结果，我将立即向你们通报。"

为了说明这种情况确实存在，下面是 2003 年 3 月 SARS-1 病毒（当时被称

为"非典型肺炎")开始传播时的一个尴尬发言的例子,这段话出自当时香港卫生局局长之口:

"香港绝对安全,与世界其他大城市无异……香港没有暴发疫情,好吗?我们没有说过我们有疫情暴发。不要让世界其他地方以为香港暴发了非典型肺炎。"

其作为一名医生和公共卫生专家,德高望重,但一时的反应,不经意的交流,很容易给人留下错误的印象。

案例二:及时并真诚道歉

没有诚恳认错并立即道歉的机构很快就会被认为是负面的,要想恢复以前的地位和声誉,将面临艰难的道路。

(1)1989 年埃克森·瓦尔迪兹号油轮漏油事件

1989 年,埃克森·瓦尔迪兹号油轮在阿拉斯加附近搁浅,超过 1100 万加仑的原油泄漏到海里和周围的海岸线上,破坏了生态系统。当时,这是美国最严重的漏油灾难。公司大部分时间保持沉默,但在第十天,公司首席执行官没有发表个人道歉声明,而是在报纸上刊登广告,表示遗憾,但在公众、媒体甚至石油行业观察家看来,他并没有明确承担责任。与此同时,该公司还威胁要提高油价,以支付损失和清理费用。

(2)2010 年马孔多油井泄漏事件

2010 年,马孔多油井发生破裂,估计有 1.84 亿加仑的石油喷入墨西哥湾。英国石油公司做出了回应、道歉,并最终支付了据说高达 600 亿美元的费用。他们避免了埃克森公司之前的一些错误,但缺乏诚意。2010 年 5 月 30 日,首席执行官沮丧地表示:"我们很抱歉,我们很抱歉给人们的生活造成了巨大影响,没有人比我更希望这件事结束,我想要回我的生活。"

(3)2008 年加拿大枫叶食品公司李斯特菌病事件

与上述两个案例做法形成鲜明对比的是,2008 年 8 月 23 日,加拿大枫叶食品公司出现李斯特菌致病致死案例。当晚,首席执行官迈克尔·麦凯恩在电视上黯然神伤:"当发现产品中含有李斯特菌时,我们立即进行了召回,将其下架,然后关闭了工厂。不幸的是,我们的产品造成了疾病和生命损失。对于患者和失去亲人的家庭,我深表同情。我们无法用言语来表达对你们痛苦的悲伤。枫叶食品公司有 23000 名员工，他们生活在食品安全的文化氛围中。我们坚定不移地致力于保证您的食品安全，其标准远远超出了监管要求。但本周我们的努力失败了，对此我们深表遗憾。这是我们公司百年来面临的最艰难的局面。我们知道这动摇了你们对我们的信心。我向你们承诺，我们的行动将以你们的利益为先。"

7 风险传播模式

本章介绍了 IDEA(Internalization，Distribution，Explanation，Action)风险传播模式。这个模式易于使用，且能够根据具体情境进行调整。它为快速制定有效的信息提供了一个框架，指导人们在高风险事件、危机、灾难及其他紧急情况发生之前和期间如何保护自己。该模式包含四个要素：内化(Internalization)，帮助信息接收者理解和接受风险或危机事件的潜在影响；分发(Distribution)，确定传播风险或危机事件信息的适当渠道和策略；解释(Explanation)，提供简短易懂的解释，描述风险或危机的性质；行动(Action)，为人们提供具体的自我保护行动步骤。IDEA 模式可以用于设计各种风险、危机或紧急情况下的信息，以确保信息清晰、准确，并具有实际指导意义。

7.1 研究背景

风险传播是个人、群体和组织之间交流信息和意见的互动过程[28]。这种互动在决策过程中通过参与来建立信任[137]。在多样化的情景下，互动对话还能通过更好的沟通提高风险决策的质量[138]。然而，风险传播的对话过程可能会因风险迅速升级的混乱局面而突然中断。在某些情况下，风险的突然加剧会造成危机局面，带来脆弱感和陌生感。因此，需要从对话式传播转向提供自我保护的指导性信息传播[139,140]。在紧急风险情景下，指导性信息传播的策略是告诉利益相关者如何保护自己免受危机影响[141]。随着对即时风险感知的提高，以"个人应对行为"为重点的信息变得必不可少[114]。

灾害社会学的研究长期以来关注指导性信息。例如，在预警迫在眉睫的自然灾害或核电站故障等工业危机时，指导性信息对自我保护的重要性显而易见[142]。风险传播学者强调，风险和危机发言人需要与媒体合作，利用传统媒体和新媒体渠道，迅速向广大受众分享风险指导信息[143]。这些研究大多关注信息传播的速度、通过社交媒体网络共享的内容及具体案例的演变。

风险本质上是威胁与不确定性的结合。尽管我们可以通过经验、技术和直觉识别潜在威胁，但我们无法确定这些威胁何时及在多大程度上会带来危害。由于威胁通常会影响公众，关于如何管理风险的决策是一项高度社会化和沟通性的任务。此外，组织和行业往往会给社区带来经济安全和一定程度的环境威胁。风险传播是社区和组织能够共同协调这些威胁和机会的手段。因此，在组织与公众的关系中，公共关系和社区层面的风险传播是不可避免地交织在一起的[138]。公共关系学者进一步认为，强调风险传播的关系方面需要公众、组织、行业、机构和政府之间的参与。最终，多方利益相关者之间的参与会共同创造出减少危害的策略。

有效的风险传播通过战略性地与主题专家和不同的公众进行对话，讨论如何最大限度地减少对生命、健康和安全的潜在威胁。针对组织和政府机构确定的主题，当专家进行单向信息共享并错误地假设公众会利用这些信息做出最佳决策时，无效的风险传播就会出现[144]。为纠正这种普遍的误解，美国国家研究委员会（National Research Council，NRC）于 1989 年正式宣布，风险传播必须是一种"民主对话"，提倡风险沟通是一种"个人、群体和机构之间信息和意见交换的互动过程"。尽管如此，公共关系学者仍然面临阻力，他们认为有效的风险传播应是"对话而非独白"[145]。Heath 和 Abel[146] 更具体地解释，这种对话必须解决"挫折感、缺乏信任、愤怒、政治和意义冲突区，这些都使风险传播对代表风险来源的人和认为自己承担不可容忍风险的人来说极具挑战性"。作为一种职业，公共关系致力于超越简单的知识缺陷观点[145]，即将公众视为被动地吸收信息，并致力于应用"风险传播以服务于许多公共和私人利益"。简而言之，风险传播在公共关系中的作用有两个主要目的：首先，风险传播帮助公众识别风险并采取措施减少这些风险（例如，不喝酒或接种疫苗）；其次，风险传播可以帮助公众设定他们愿意接受的风险阈值，利用最佳可用信息。只有在所有受影响的公众都充分知情并有权做出关于自己安全的知情决策时，这两项服务才能成功，而无须屈从于可能对组织成本效益有利的潜在危险。为了实现这些标准,Heath 和 Abel[146]认为从业者必须考虑风险信息可能的政治化或操纵。换言之,单独的风险知识或信息在没有考虑上下文和影响的情况下,无法满足道德和有效公共关系的基本标准。大量研究通过公共关系探讨了对话式的风险方法。这些研究大多集中在 Palenchar 和 Heath[138]所设定的风险传播目标"通过更好的沟通提高风险决策的质量"。公共关系学者对风险和危机沟通进行的研究明确了对话的标准[147],这些标准在各种风险背景中显而易见。例如,在龙卷风等自然灾害期间,警告信息已被评估,并通过公共关系方法生成了建议[148]。同样,公共关系学者在公共健康危机期间提供了风险传播的建议[149]。公共关系学者还评估新媒体在风险传播中的可行性和功能方面起到了主导作用[150]。研究风险作为公共关系工作的共同主题是强调为不同公众量身定制专门且复杂的信息。因此,公共关系中的风险传播本质上是"科学沟通中不可分割的一部分"[151]。科学信息指的是主题专家使用的详细研究结果。对于没有特定研究领域专业知识的人来说,这些信息很难理解。接受科学信息共享的关系方面需要专家在协商意义和建立关系中与公众互动[152]。例如,美国国家气象局等机构经常与沟通专家合作,将他们的研究结果转化为易于理解的术语,以便受风险影响的社区居民理解[153]。接下来,我们详细说明参与同关系驱动的风险传播的相关性。

Heath[154]将参与描述为通过"集体意义建构"或"意义建构"来"启发选择"的方式。信息通过组织和受问题影响的个人之间的对话进行交换。因此,风险解决方案由组织和公众共同创造。以这种方式,参与可以增强组织在公众中的合法性,因为它表明支持协作决策,积极回应他人的沟通和意见需求,并努力满足或超越关系管理的要求,包括作为良好的企业公民。通过参与式风险传播,组织帮助协调公众之间的信息交换,因为收益和损失是"被感知、被权衡和被管理的"。Lane 和 Kent[147]也认同此观点,即参与可以为企业社会责任奠定基础。他们详细解释了对话在确保参与能够实现赋权公众做出知情决策的潜力方面的作用和影响,而不是简单的双向沟通,即信息在沟通经理和"随机客户"之间交换,强调了对话是在"真实"关系中的"人与人"沟通。从这个角度来看,风险信息是通过考虑所有利益相关者的个人得失的对话创造和调整的。这种参与式对话的目标是"不仅要达到受众,还要使其对减少潜在风险感兴趣"。参与式对话所形成的延伸关系在长期风险或危机后恢复期间尤为重要,目标是减少未来类似灾难发生的风险。

先前的研究已经确立了教学沟通作为危机沟通、风险传播和对话内在元素的地位[155]。教学沟通是将知识转化为可操作警告和建议的过程，通过参与式对话与处于风险中的公众分享这些建议，并根据持续互动的反馈调整可操作信息。因此，教学风险沟通通过建立持续的关系承诺学习和回应，从而削弱危害或损失的威胁，避免了单向知识缺陷视角的陷阱[156]。

本质上，有效的教学风险传播根据学习者实现的三种可测量结果来衡量：认知、情感和行为[157]。认知学习关注理解。单纯共享信息并不能确保公众能够在回应风险时作出知情或有启发性的选择。相反，认知学习是根据学习者（即目标受众）在相关背景中准确理解信息的程度来衡量的。没有持续互动，不允许提问、反思和应用信息，就无法评估理解程度[158]。情感学习关注信息的感知价值或相关性。从风险沟通的角度来看，当学习者（即个人、群体、社区、行业）由于潜在威胁而被激励关注时，就实现了情感学习[159]。行为学习则通过目标受众参与减少风险的期望行为的程度来衡量。

认知、情感和行为学习也是公共关系参与的核心要素。教学沟通原则提供了建立关系的框架，以及协同制定和实施减少风险的行动步骤。类似地，Johnston[152]将认知、情感和行为学习确立为公共关系参与所需的关键元素。Johnston采用高度务实的观点，将参与定义为"一个动态的多维关系概念，具有连接、互动、参与和介入的心理和行为属性，旨在实现或引发个体、组织或社会层面的结果"。Johnston对认知、情感和行为参与的说明明显与先前提供的教学风险沟通的解释相一致。Johnston认为认知参与是"愿意为理解复杂想法而付出努力"；情感参与是"享受、恐惧、愤怒、支持和归属感等情感的来源"；行为参与是"参与、协作、行动和介入"。参与，如同教学风险传播一样，不仅是个体层面，还扩展到社会层面。在社会层面，参与促进了对问题的集体导向，可以影响共享的经验。这些感知和经验激发了参与协商解决方案，最终通过"共享共识或对主题的重要性的一致定义"促成集体行动，结果是一种意图或"准备执行行为"。因此，教学风险传播和参与有相同的关系和方法，以引导受众朝着对他们有利的行为结果发展。

相比之下，本书更关注在可能持续较长时间的紧急风险或危机情景中提供的信息，以推进对指导性风险传播的理解。

7.2 理论综述

7.2.1 指导信息与风险传播

从混沌理论的角度来看,危机事件会导致现有秩序的崩溃,这种崩溃会给环境带来三个独特的后果:威胁、意外和反应时间短[160]。面对即将到来的危机时,人们认为他们的安全受到了突如其来的威胁,必须立即采取自我保护措施。人们突然意识到自己正面临危机,会感到"震惊、呆滞和茫然"。混沌理论将这种情绪反应描述为"分岔"或"根本性的系统崩溃"[123]。分岔时突然出现的、意想不到的、具有威胁性的情况会导致瞬间的理解失误,此时,指导性风险传播填补了这种感知能力的空白[139]。

指导传播不仅限于组织教学环境,它与风险传播的方方面面息息相关。增强个人对自身认知学习的信心是提高其遵循规定动作能力的关键[161]。如果个人对自己理解和执行规定行为的能力没有信心,就会一直处于高风险状态。有效的指导性沟通不仅是传播信息,利益相关者必须按照预期方式对信息采取行动,以保护自己。如果他们不根据指导信息采取行动,就无法防止或减少伤害[162]。

灾害预警研究证实,在严重风险或危机时期需要特定的指导信息。以保护行动建议为形式的指导在预警中至关重要[142]。研究指出:"不能假定公众知道什么是适当的保护行动。因此,紧急警告信息必须包括人们应该如何保护自己免受即将发生的危害的信息。"他们进一步发现,如果警告能够被理解、信任、个性化,人们就更有可能采取保护行动。此外,频繁提醒人们暴露在危险中比偶尔用后果的严重性吓唬他们更能促使他们保护自己和亲人免受灾难。缺乏个性化的模糊信息会增加人们不采取保护措施的可能性[163]。

传播学领域对通过传统媒体和社交媒体传递的指导性风险信息进行了研究,结果与预警文献一致。例如,通过提供合乎逻辑的解释和具体可行的指示来提高自我效能的指导性信息可以强化危机信息[164]。无论个人偏好哪种学习方式,提供实用的自我保护指导信息都能增强人们的信心和采取适当自我保护行为的意愿[165]。学者们在对实际新闻故事的研究中发现,观看包含特定指导信息内容的新闻故事时,参与者的知识水平和效能水平显著提高[156]。

尽管指导性风险传播信息具有迫切的必要性和实用性，发言人往往优先考虑有关威胁的科学解释、持续统计受害人数及受害总人数增长的预测[166]。然而，如果不提供可操作的指示，仅仅强调这些危害的统计数字，可能会让人们在应该采取行动时反而冷静地转身离开[167]。

7.2.2 IDEA 风险传播模式

上述研究指出了一个普遍存在的误区，即认为信息共享本身就是指导传播或教学[156]。实际上，学习成果的衡量标准不仅包括理解能力（认知学习），还包括感知价值/相关性（情感学习）和表现（行为学习）。因此，有效的指导必须结合信息、个人相关性和可操作的指导等要素。Sellnow 等人[168] 提出了基于体验学习理论的"内化、分发、解释、行动"模式（Internalization, Distribution, Explanation, Action, IDEA），作为危机发言人和媒体记者在向受影响的个人和群体提供风险信息指导时的简单易用指南。

如图 7-1 所示，IDEA 模式作为一种基于学习理论的沟通模式，其效用可以通过情感（感知价值、相关性）、认知（理解、认识、效能）和行为（行动）学习成果来衡量。特别是在危机情景下，最重要的成果是行为，因为适当的自我保护行动最终会减轻伤害并挽救生命。然而，情感和认知结果是激励人们采取所需行为的关键催化剂。因此，IDEA 模式的信息与大多数健康/风险/危机信息的最大不同在于，它们有意识地将学习作为结果变量。

图 7-1 IDEA 风险传播模式

换言之,这些信息是有策略地构建的,旨在通过情感和认知学习的呼吁来实现预期的行为学习成果。基于 IDEA 模式,有效的风险指导信息内容必须涵盖内化、分发、解释和行动四个要素。

- 内化(Internalization):帮助信息接收者将风险或危机事件的潜在影响内在化。
- 分发(Distribution):确定传播风险或危机事件信息的适当渠道和策略。
- 解释(Explanation):对风险或危机的性质提供简明易懂的解释。
- 行动(Action):为人们提供具体的自我保护行动步骤。

(1)内化

内化关注风险相关性的认知。这一部分风险信息回答了受众关于"我和我关心的人如何(或可能如何)受到风险影响及影响的程度"的问题。风险来源的接近程度或风险加剧的预期时间等方面也是内化过程的一部分。关注内化的信息内容目标是让受众清楚地了解谁处于最大的直接风险之中,谁处于较小或延迟的风险中,以及潜在的危害影响。因此,内化的程度成功与否通过情感学习来评估。与受众体验"正面和负面的情感反应"并创造"动机、兴趣或关心条件"的情感参与相一致[154]。然而,内化不应仅被视为恐惧的来源。相反,从参与对话的角度来看,风险的内化是对参与者的需求和偏好进行量身定制想法的表达[169]。因此,内化向受众揭示了哪些群体在何时及何因面临最大的风险。

(2)分发

分发涉及风险传播所使用的渠道。可用的传播渠道范围已从传统的纸质媒体扩展到新兴的网络社交媒体。同样,面对面的沟通可以包括个人接触、市政厅会议和上门活动。然而,简单地提供信息并不构成有效的风险传播,还需要持续评价目标受众对潜在沟通渠道的偏好。正如 Lane 和 Kent[169] 所解释的:"尊重并响应利益相关者的沟通偏好是对话参与的重要组成部分。"他们建议组织和机构,即使"看起来效率低下",也必须使沟通方式符合这些偏好。例如,通过多个渠道提供相同的信息,所有这些渠道都被目标受众看到,可能显得重复且无效。然而,先前的研究表明,通过多个渠道收敛类似的信息可以增加受众对信息的信任度[155]。事实上,受众通常会通过查看多个来源并与他人讨论威胁来确认风险传播信息的真实性[170]。

（3）解释

解释回答了"发生了什么"和"为什么"的问题。有效的解释可以使人识别出已知和未知的内容，以及为减少不确定性所做的工作。人们期望组织和机构在与所有易受影响的公众及其倡导者共享他们所知道的内容时保持透明，并承认他们对特定风险有未知之处[171]。解释过程是持续的、开放的，根据受众需求进行调整，并欢迎反馈[155]。风险信息中解释的成败由目标受众的认知学习决定。然而，认知学习只有在受众参与的情况下才能发生。Johnston[152]认为，认知参与需要个体的注意力和兴趣，以发展其对风险主题的理解。因此，解释需要设定参与对话所必需的兴趣水平。保持对解释过程的这种兴趣需要持续的受众分析和对信息调整的开放态度[165]。许多风险复杂，难以向相关素养较低的受众解释。正如本书前面提到的，美国国家气象局就是一个例子，它不能仅依赖于用科学术语进行风险沟通。该机构必须与公众合作，开发、测试和修改风险信息，以便公众能够被启发，而不是被深奥的语言所困惑。因此，风险沟通者在将传播的信息转化为受众可以理解的水平时，应找到共同的理解基础。

（4）行动

行动旨在指导那些处于风险中的人的行为，回答了"为了保护我自己和我关心的人，应该做什么或避免做什么"的问题[172]。换言之，受众必须理解他们被要求做什么，具备完成建议行为的能力，并认识到这样做的好处。因此，为了使行动成功，沟通者需要持续地参与对话，并密切关注受众反馈。Johnston[152]解释说，行为参与体现了参与、合作、行动和介入的概念。因此，在风险传播过程中，没有哪个阶段比制定、解释和评估保护措施更需要参与对话。参与对话在风险沟通领域是一种识别新视角、创新方法和提出潜在解决方案的手段。然而，如果建议以线性或双向交流的方式提供，而未能优先考虑处于风险中的人群的需求和偏好，那么 IDEA 模型的行动要素可能会是无效的。因此，确定适当的保护行动是一个"审慎"的集体意义建构过程，利益相关者参与讨论，以制定和实施"最大利益和最小成本"的解决方案和策略。

7.2.3　IDEA 风险传播理论框架命题

上文介绍了有效风险传播的 IDEA 模式，其最初是为了确定理想风险信息的四个关键要素：内化、分发、解释和行动。尽管最初的 IDEA 模式可能被视为一个简单的概念框架,用于指导信息设计,但在过去的几十年中,这个框架已经被修订和扩展为一个更加详细的理论框架。新的框架不仅解释了这四个要素之间的关系,还能够预测具体的行动(如情感参与、认知参与和行为参与)。因此,这个理论框架具有预测性质,能够提出正式的命题和可检验的假设。

理论框架的特征可以通过多种解释来描述,本书更倾向于 Kerlinger 和 Lee[173] 的定义:"理论是一组相互关联的构造(概念)、定义和命题,通过明确变量之间的关系,对现象提出系统的看法,目的是解释或预测现象。"

因此,如图 7 - 2 所示,更新后的 IDEA 风险传播模式提供了一个紧密结合的理论框架,最终用于解释和预测公众行为。更新后的理论框架包括:(1)风险和危机情景(虚线部分);(2)受众和情境因素(包括受众的特征、需求、偏好和易感性,以及情境中固有的挑战);(3)风险信息内容(概念模型中的内化、解释和行动等要素);(4)与目标公众获取、交流和分享风险信息的渠道(通过强调获取、互动、对话和适当分享风险信息内容的重要性,扩展了先前的分发要素概念)。

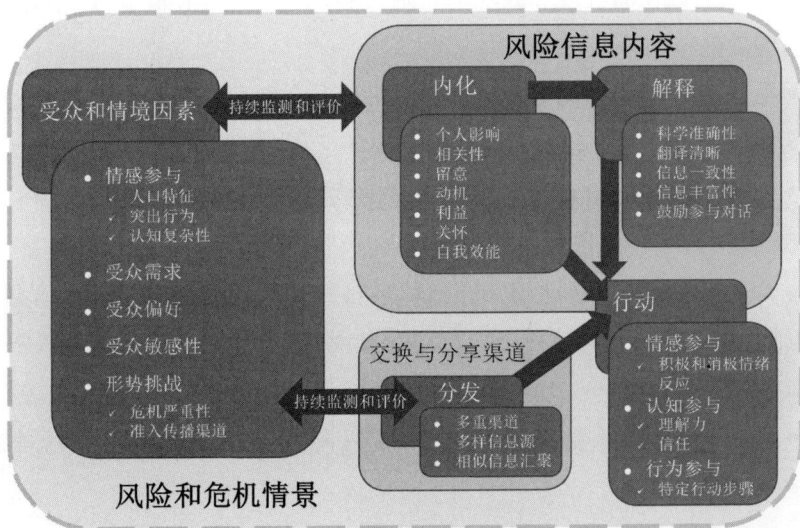

图 7 – 2　IDEA 风险传播模式理论框架

作为公共关系的指导性风险传播理论框架,现代 IDEA 模式强调以下几点:(1)互动性;(2)受众的敏感性;(3)信息的定制;(4)受众的有效性。如 Seeger 所述,IDEA 模式理论框架可用于探索风险传播的最佳实践[174]。例如,该模型可用于为降低风险和避免危机提供信息,改善与社区合作伙伴和第一反应者的协作,并阐明信息的特点,以提高自我效能和目标受众参与拯救生命的战略反应可能性。

如本章上一节所述,风险信息最常见的特点是解释,通常包括描述正在发生的事情及其原因。解释通常涉及对责任的讨论,即谁或什么对危机负有责任。此外,为了减少不确定性,许多风险信息只包含尚未核实的初步细节。虽然解释是风险信息的一个常见特征,但行动是 IDEA 模式中最关键的组成部分。因此,行动(如认知参与、情感参与和行为参与)是理论框架中的因变量,是由解释、内化和分发所预测的。

由此,本文描述了 IDEA 模式理论框架的主要命题,用以指导风险传播并预测未来风险受众的行为。

- 命题1:内化、解释和行动是风险信息内容的核心。
- 命题2:当目标受众关注风险信息时,即认为信息相关并使用了加深内化的策略,风险受众的行动(认知、情感和行为参与)将得到优化。——内化
- 命题3:内化的程度和成功与否通过行动(尤其是情感参与)来评价,并且与自我效能正相关。——内化
- 命题4:风险信息的分发应基于对目标受众获取潜在传播渠道的途径和偏好的持续评价。——分发
- 命题5:分发的重点不是风险信息的内容,而是作为风险信息与目标公众获取、交换和共享的渠道。——分发
- 命题6:通过多种渠道汇聚类似的信息,既能增强目标公众对信息的信心,也能提高他们参与信息所倡导行动的自我效能感(例如引导高危人群的行为)。——分发
- 命题7:当目标受众掌握足够的风险信息时,参与式对话才最真实。——解释
- 命题8:解释是所有风险传播内容的必要(但不充分)组成部分,因为它提供了参与式对话所需的信息。——解释
- 命题9:解释是内化与行动之间关系的中介。——解释
- 命题10:所有风险传播都是为了引导处于风险中的人们采取行动(认知、情感和行为参与)。——行动

• 命题 11：风险信息解释的成败最终取决于目标受众的行动（认知、情感和行为参与）。——行动

迄今为止，与 IDEA 模式及其组成部分相关的命题主要通过两种统计策略进行检验：（1）实验设计，将现有（现状）风险信息与使用 IDEA 模式理论框架要素设计的具有相似内容的信息进行比较（参见 Sellnow 等[161]对信息记录的并排比较）；（2）回归分析，将行动作为主要因变量，将内化、分布和解释作为关键预测变量或自变量（例如，预测全球冠状病毒大流行期间的戴口罩和身体接触遵从情况）。在讨论已发表的有关 IDEA 模式各种应用的研究之前，表 7 - 1 列出了用于检验理论框架的典型示例研究问题和假设。

表 7 - 1　IDEA 模式研究问题和假设

实验设计问题	• 自我报告的对信息特征的关注是否随信息类型的变化而变化？ • 性别、种族和信息类型与参与信息中提倡行动的行为意向之间存在什么关系？ • 在何种程度上： a. 文化群体的行为意向反映了指导性风险传播信息的有效性？ b. 涉及 IDEA 模式所有要素的指导性风险信息是否与典型的危机新闻报道信息相似？
回归分析问题	·不同国家的参与者在自我报告遵守（行动）全球冠状病毒大流行期间保持安全方面有何不同？ ·将生活在一个地方的参与者与生活在另一地方的参与者进行比较，IDEA 模式的组成部分（内化、分发和解释）在预测冠状病毒全球大流行早期阶段的遵从能力方面有何不同？
研究假设	• 涉及 IDEA 模式所有要素的指导性风险信息将： a. 与维持现状的信息相比，被认为更有助于为危机做好准备。 b. 与维持现状的信息相比，对有效危机知识重要性的认知影响更大。 c. 与维持现状的信息相比，危机应对的认知效能更高。 d. 与现状信息相比，对认知危机知识的影响更大。 e. 与现状信息相比，对自我报告的行为意向的影响更大。 f. 被认为比维持现状的信息更有效。 g. 与现状信息相比，对文化群体自我报告的行为意向有更积极的影响。

7.3　IDEA 模式的优缺点及应用

7.3.1　IDEA 模式的优点

　　IDEA 模式可以用于任何风险、危机或紧急情况下的传播，以确保信息清晰和准确，并有很强的实际指导意义，进而提高风险情景下信息交流与沟通的效率，具有诸多优点，具体表现为以下几个方面：

　　①结构化的信息传播

　　IDEA 模式提供了一个系统的框架，将信息传播过程分为四个阶段：内化、分发、解释和行动。这种结构化的方法确保了信息传播的每一个环节都得到充分考虑，从而提高了信息传达的效率和效果。

　　● 内化（Internalization）：内化阶段强调信息应具备吸引力和相关性，使受众能够理解并接受信息的核心内容。通过使用情感共鸣、个人关联和文化契合等手段，信息更容易被受众内化。

　　● 分发（Distribution）：分发阶段注重信息的传递渠道和覆盖范围。选择合适的传播媒介和渠道，确保信息能够迅速传达到目标受众手中。

　　● 解释（Explanation）：解释阶段关注信息的明晰度和易懂性。通过详细解释信息的背景、原因和影响，使受众能够全面理解信息的意义和重要性。

　　● 行动（Action）：行动阶段鼓励受众采取具体的行动。通过提供明确的行动指引和步骤，帮助受众在危机情境中做出正确反应。

　　②提高信息的清晰度和准确性

　　IDEA 模式的四个阶段相互配合，确保信息在传播过程中保持清晰和准确。在每个阶段仔细设计和审查信息内容，可以减少信息失真和被误解的风险。

　　● 在内化阶段，通过与受众的情感和文化关联，提高信息的接受度和理解度。

　　● 在分发阶段，通过选择适当的传播渠道和媒介，确保信息能够覆盖目标受众。

　　● 在解释阶段，通过详细说明信息的背景和细节，减少受众的困惑和疑虑。

　　●在行动阶段,通过提供具体的行动指导,确保受众能够正确理解并执行
必要的措施。

　　③增强受众的参与感和责任感

　　IDEA 模式强调受众在信息传播过程中的积极参与和互动。通过内化阶段
的情感共鸣和文化契合,受众能够更深刻地理解信息的意义,并感受到自己的
责任和重要性。在行动阶段,通过明确的行动指引,受众能够具体了解到自己
可以做什么,从而增强他们的责任感和行动力。

　　④适应不同类型的风险和危机情景

　　IDEA 模式具有很强的适应性和灵活性,可以应用于不同类型的风险和危
机情景。无论是自然灾害、公共卫生事件,还是人为事故,IDEA 模式都可以根
据具体情况进行调整和应用,以确保信息传播的有效性。

　　⑤促进信息传播的持续改进

　　IDEA 模式强调信息传播的持续改进和反馈机制。通过在每个阶段收集受
众的反馈和意见,信息传播者可以及时调整和优化传播策略,提高信息传播的
效果和受众的满意度。

7.3.2　IDEA 模式的不足

　　虽然 IDEA 模式可以用于设计任何风险信息传播且能确保信息的清晰和
准确,也可以提高风险情景下信息交流与沟通的效率,但在某些方面仍然存在
不足,具体表现为以下几个方面:

　　①实施复杂性

　　尽管 IDEA 模式提供了一个系统的框架,但其实施过程相对复杂,需要各
个阶段的细致设计和协调。这对于资源有限的组织来说,可能是较大的挑战。

　　●内化阶段需要深入了解受众的情感和文化背景,设计具有吸引力和相关
性的信息。

　　●分发阶段需要选择合适的传播渠道和媒介,确保信息能够覆盖目标
受众。

　　●解释阶段需要详细说明信息的背景和细节,确保信息的明晰度和易
懂性。

　　●行动阶段需要提供具体的行动指引和步骤,确保受众能够正确理解并执

行必要的措施。

②资源和时间投入大

实施 IDEA 模式需要大量的资源和时间投入,特别是在信息设计、传播渠道选择、受众研究和反馈收集等方面。这对于资源有限的组织来说,可能会增加实施的难度和成本。

- 信息设计需要专业的设计团队和工具,以确保信息的吸引力和相关性。
- 传播渠道选择需要综合考虑受众的特点和偏好,可能需要投入大量的资金和人力资源。
- 受众研究和反馈收集需要持续进行,以确保信息传播的效果和受众的满意度。

③对信息传播者的要求高

IDEA 模式对信息传播者的专业知识和技能要求较高。传播者需要具备丰富的风险传播经验,能够在复杂的情景下进行有效的信息设计和传播。同时,传播者还需要具备良好的沟通和协调能力,能够与各相关方进行有效的互动和合作。

④难以应对突发事件

IDEA 模式强调信息的结构化传播,在应对突发事件时,其灵活性和应变能力可能不足。在突发事件中,信息传播需要快速反应和灵活调整,而 IDEA 模式的实施过程相对复杂,可能难以及时应对突发事件的变化。

⑤受众多样性带来的挑战

IDEA 模式需要针对不同受众的特点和需求进行内容设计和传播。然而,受众的多样性和复杂性可能增加信息传播的难度。在实际应用中,如何准确把握不同受众的需求,并进行有效的信息传播,仍然是一个挑战。

7.3.3　IDEA 模式的应用

IDEA 风险传播模式可以应用在诸如自然灾害、公共卫生事件、人为事故、环境污染、食品安全事件等领域,用以提高不同利益相关群体间信息交流与沟通的效率,促进信息的有效传播,增强受众的参与感和责任感。

①在自然灾害中的应用

自然灾害如地震、洪水、台风等,往往对社会造成严重影响。在这些情景中,及时、准确的信息传播至关重要。IDEA 模式可以帮助设计和传播有效的信息,确保公众能够及时了解灾害情况,并采取必要的应对措施。

●内化阶段:通过描述灾害的严重性和可能的影响,引发公众的关注和重视。利用生动的案例和图像,增强信息的吸引力和相关性。

●分发阶段:利用多种传播渠道,如电视、广播、互联网,确保信息能够迅速覆盖受灾地区的所有公众。

●解释阶段:详细说明灾害的成因、当前的情况和可能的发展,帮助公众全面理解灾害的背景和影响。

●行动阶段:提供具体的应对措施和避险建议,如疏散路线、避难所位置和应急物资准备等,帮助公众在灾害中采取正确的行动。

②在公共卫生事件中的应用

公共卫生事件如传染病暴发,往往需要迅速、准确的信息传播,以控制事态恶化。IDEA 模式可以帮助设计和传播有效的信息,提高公众的卫生意识和防控能力。

●内化阶段:通过描述情况的严重性和潜在的健康风险,引发公众的关注和重视。利用权威专家的意见和建议,增强信息的可信度和影响力。

●分发阶段:利用多种传播渠道,如电视、广播、社交媒体和健康网站,确保信息能够迅速覆盖所有公众,特别是重点人群。

●解释阶段:详细说明情况的成因、传播途径和防控措施,帮助公众全面理解事件的背景和影响。

●行动阶段:提供具体的防控措施和建议,如佩戴口罩、勤洗手、保持社交距离等,帮助公众采取正确的行动。

③在人为事故中的应用

人为事故如工业事故、交通事故等,往往需要迅速、准确的信息传播,以减少损失和危害。IDEA 模式可以帮助设计和传播有效的信息,提高公众的应急反应能力。

●内化阶段:通过描述事故的严重性和可能的影响,引发公众的关注和重视。利用真实案例和数据,增强信息的吸引力和相关性。

●分发阶段:利用多种传播渠道,如电视、广播、社交媒体和企业内网,确保信息能够迅速覆盖所有相关人员。

● 解释阶段：详细说明事故的成因、当前的情况和可能的发展，帮助公众全面理解事故的背景和影响。

● 行动阶段：提供具体的应对措施和建议，如紧急疏散、避险措施和救援行动等，帮助公众在事故中采取正确的行动。

④在环境污染事件中的应用

环境污染事件如水污染、空气污染、土壤污染等，往往对公众健康和生态环境造成严重影响。IDEA 模式可以帮助设计和传播有效的信息，提高公众的环境保护意识和应对能力。

● 内化阶段：通过描述污染事件的严重性和潜在的健康风险，引发公众的关注和重视。利用科学数据和专家意见，增强信息的可信度和影响力。

● 分发阶段：利用多种传播渠道，如电视、广播、社交媒体和环保网站，确保信息能够迅速覆盖所有公众，特别是受影响的地区。

● 解释阶段：详细说明污染事件的成因、当前的情况和可能的发展，帮助公众全面理解污染事件的背景和影响。

● 行动阶段：提供具体的防护措施和建议，如避免接触污染源、使用防护设备和采取污染治理措施等，帮助公众在污染事件中采取正确的行动。

⑤在食品安全事件中的应用

食品安全事件如食品污染、食品中毒等，往往需要迅速、准确的信息传播，以保护公众的健康。IDEA 模式可以帮助设计和传播有效的信息，提高公众的食品安全意识和防范能力。

● 内化阶段：通过描述食品安全事件的严重性和潜在的健康风险，引发公众的关注和重视。利用真实案例和科学数据，增强信息的吸引力和相关性。

● 分发阶段：利用多种传播渠道，如电视、广播、社交媒体和食品安全网站，确保信息能够迅速覆盖所有公众，特别是消费群体。

● 解释阶段：详细说明食品安全事件的成因、当前的情况和可能的发展，帮助公众全面理解食品安全事件的背景和影响。

● 行动阶段：提供具体的防护措施和建议，如选择安全食品、避免高风险食品和采取食品处理措施等，帮助公众在食品安全事件中采取正确的行动。

7.4 案例分析

IDEA 模式已在多项研究中得到应用,涵盖短期和长期危机,研究重点包括食源性疾病[156,161,175,176]、疾病暴发[157,158]和危机准备[140]。大部分研究在美国进行,也有一些研究表明 IDEA 模式适用于其他文化背景[140,176]。研究方法主要是实验,其次是内容分析[158]和专家访谈[157]。

案例一:PEDV 疫情应对

Sellnow 等人[157]使用 IDEA 模式研究了美国对猪流行性腹泻病毒(Porcine Epidemic Diarrhea Virus, PEDV)暴发的快速反应。PEDV 在仔猪中的发病率和死亡率都很高,给该行业造成了重大经济损失,因此需要有效的风险沟通来帮助养殖户阻止病毒传播。研究人员采访了来自不同机构的代表(包括州兽医和其他专家),这些代表负责将对未知病毒的研究转化为生产者可以理解和遵循的实用指南。结果显示,所采取的措施是有效的,这些机构能够帮助生产者认识疾病传播的风险及病毒的传播方式。IDEA 模式的一个重要应用是通过现有网络迅速传播最新信息和建议,特别是在强调遵守生物安全协议的重要性及违反这些协议严重的后果等方面。研究发现,信息定制对于让接收者理解和遵循建议至关重要。

案例二:大肠杆菌疫情

Sellnow 等人[176]在瑞典虚构的大肠杆菌污染碎牛肉疫情背景下应用了 IDEA 模式,进行了事后调查实验。他们根据真实的大肠杆菌疫情报道编写了两篇模拟报纸故事。为了确保报道的准确性和生态有效性,风险和危机传播专家、记者和食品科学家对材料进行了构建和评价,并对其中一个故事进行了修改,以满足 IDEA 模式在内化、解释和行动方面的要求。结果表明,包含 IDEA 模式要素的新闻报道具有显著提高受众自我保护行为(如丢弃和不吃可能受污染的肉)的效果。研究还发现,受众对风险信息的接受度取决于与疫情暴发地点的距离,离疫情暴发地越近,受众越有可能采取建议的行动。

案例三:埃博拉疫情

Sellnow-Richmond 等人[158] 对 2014 年暴发的埃博拉疫情进行了内容分析,从 IDEA 模式的角度评价了风险传播。作者收集并分析了大量数据,包括得克萨斯州达拉斯市的地方新闻、疾病预防控制中心的推特即时聊天,以及国际卫生组织(世卫组织、联合国儿童基金会和无国界医生组织)的网站内容。与 IDEA 模式建议相反,其所收集的大多数信息侧重于解释,很少或没有提及内化和行动。结果表明,以解释为中心的信息未能包括情感和行为学习方面的内容,限制了信息传播的有效性。

案例四:瑞典冬季暴风雪准备

另一项在瑞典哥德堡市进行的研究[140] 使用 IDEA 模式评估了冬季暴风雪防备信息的有效性。研究通过准实验设计,比较了包含和不包含 IDEA 模式要素的视频信息。结果显示,包含 IDEA 模式要素的信息对情感和认知学习有显著影响,但对行为意向(如准备足够的食物、水、手电筒和带电池的收音机)没有显著提升。作者认为,在没有迫在眉睫的威胁时,激励人们采取行动是困难的,但情感和认知学习的提升仍然对风险传播工作有益。

案例五:某城市面临洪水风险的风险传播

(1)背景

某城市位于河流下游,近年来由于气候变化和极端天气频率的增加,洪水风险逐渐加大。为了提高公众对洪水风险的认识和应对能力,市政府决定采用 IDEA 模式进行风险传播。

(2)实施过程

①内化阶段

市政府通过多种渠道向公众传递洪水风险的信息,包括新闻报道、社区活动和教育讲座等。信息内容包括洪水的成因、可能的影响和应对措施,重点强调洪水风险的严重性和潜在的危害。通过使用真实的洪水案例和数据,增强信息的吸引力和相关性,提高公众的风险意识。

②分发阶段

市政府利用多种传播渠道,如电视、广播、社交媒体,确保信息能够迅速覆盖所有公众,特别是洪水高风险地区的居民。通过与媒体合作,定期发布洪水风险信息和应对措施,提高信息的传播效果并扩大覆盖范围。

③解释阶段

市政府通过专家讲座、宣传手册和在线问答等方式,详细解释洪水的成因、当前的情况和可能的发展,帮助公众全面理解洪水风险的背景和影响。通过使用简单明了的语言和图表,减少信息的复杂性,解答受众的困惑,提高信息的明晰度和易懂性。

④行动阶段

市政府提供具体的应对措施和避险建议,如疏散路线、避难所位置和应急物资准备等,帮助公众在洪水中采取正确的行动。通过模拟应急演练,提高公众的应急反应能力和行动力。

(3)效果评估

通过 IDEA 模式的实施,公众的洪水风险意识和应对能力显著提高。在随后的洪水事件中,居民能够及时采取应对措施,减少了生命财产的损失。市政府收集了公众的反馈和意见,及时调整和优化传播策略,提高了信息传播的效果和受众的满意度。

通过这些案例分析可以看出,IDEA 模式在不同类型的风险和危机情景中均显示出了有效性。研究表明,定制化的信息能够更好地促进风险内化和行动,强调内化和行动的重要性对提高风险传播的效果至关重要。

7.5 建议与结论

7.5.1 未来研究建议

未来的研究可以在三个主要领域取得显著进展,每个领域都涉及 IDEA 模式理论的一个独特方面。第一个领域是探索不同的危机类型;第二个领域是在 IDEA 模式的四个组成部分中引入更多变量,以明确在具体的风险或危机事件中,哪些变量对目标受众最重要;第三个领域是使用定量和定性研究方法进行方法论三角测量,以提高对风险传播作为参与式公共关系的理解。

(1)探索风险类型和时机

有三类风险值得我们关注:源于自然灾害的风险(如飓风、地震、龙卷风等)、源于事故的风险(特别是人为失误造成的事件,如无意的火灾或因设备故障造成的漏油等)和源于恐怖事件的风险(如故意破坏食品或水供应,爆炸、纵火等)。第一类是自然灾害。当使用 IDEA 模式研究自然灾害时,可以测试信息,通过重点关注应急准备来降低风险或危机发生的概率。第二类是事故,最受风险和危机研究者的关注,他们使用 IDEA 模式来研究作为参与式公共关系的风险传播。正如本章前面所讨论的,之前涉及 IDEA 模式理论框架的研究主要集中在意外事故上(如食源性疾病、猪流行性腹泻),重点是测试信息的特征,以提高受众的自我效能感和成功参与救生策略的概率。不过,IDEA 模式在自然灾害方面也有很多检验机会——重点是应急准备行动与社区合作伙伴的协调。第三类是恐怖事件,在恐怖事件发生的背景下,当公共关系专业人士试图管理公众的愤怒和行为时,IDEA 模式的预言成分会发生怎样的变化? 探索该模型的原则和命题用于研究风险传播时有何不同? 它与蓄意的恐怖事件有关,是一种参与式的公共关系。

还有一些与危机事件发生时间相关的重要因素值得今后研究。危机发生的最初几个小时对公共安全至关重要。随着信息的增多,公共关系专业人士提出的行为建议会发生怎样的变化? 在危机事件的整个生命周期中,公众是否更倾向于(或更不倾向于)参与这些行为? IDEA 模式是如何帮助我们澄清(和塑造)对危机事件发生前的准备工作、事件发生后的前几个小时的建议,以及其他关键时期的信息的理解的?

(2)用额外的结构澄清 IDEA 组成部分

未来研究的第二个方面是在 IDEA 模式的四个组成部分中分别纳入更多的构成要素,以明确在任何特定风险或危机事件中,哪些特定变量可以预测建议的行为。例如,在对加拿大和美国收集的调查数据进行的分析中,研究者发现并检验了与全球冠状病毒大流行有关的几个结构,这些结构与 IDEA 模型的四个组成部分非常吻合。

内化部分是通过"对公共卫生专家的信任程度""对政府信息的信任程度"

"认为冠状病毒并不比季节性流感更危险"和"同意政府的制裁"等指标来测量的。分发部分的测量指标包括"信息寻求渠道来源""社交网络偏好"和"来自家人和朋友的有关冠状病毒的信息"。解释部分包括"当前有关冠状病毒的信息"和"充分了解冠状病毒所需的信息"。最后,将"遵守制裁"作为行动部分的唯一标准变量进行测量。

Sellnow 等人[155]对加拿大和美国样本的单独回归分析表明,在解释遵守政府制裁的情景时,有两个一致但差异显著的模型。加拿大的数据显示,该模型可解释 43.9% 的遵守情况差异,而美国的数据显示,该模型可解释 55.3% 的遵守情况差异。加拿大受试者对政府的信任度和对公共卫生制裁的认同度明显更高,而美国受试者对 COVID-19 的信息理解能力和社会威胁的认同度明显更高。在 IDEA 模式的理论框架内分析这些类型的数据,可以帮助学者和从业人员编辑内容,吸引目标受众。从这个角度来看,IDEA 模式提供了一种受众分析形式,可直接转化为信息设计和对有价值的受众反馈的回应。

(3)应用复杂分析的方法三角测量

与 IDEA 模式未来研究有关的第三个方面涉及方法三角测量(Methodological Triangulation),以及使用复杂的定量和定性方法来检验模型的命题。定量分析应继续使用多元回归和因子方差分析等惯用方法,但应扩展到结构方程模型(用于检验模型的拟合度)和层次线性模型(用于检验是否存在嵌套成分)。此外,还可以进行复杂的网络分析,以确定如何利用某些目标受众人群中的影响者来改善信息的传播效果,从而增强其对公共安全行为的影响。这样的研究不仅可以提高 IDEA 模式的预测质量,还可以提高我们对风险传播作为参与式公共关系的理解。

定性分析对于数据三角测量和提高 IDEA 模式的解释能力同样重要。公共关系风险信息如何改善预期影响者和利益相关者的互动和行为?修辞敏感性如何影响推荐行为的遵守?信息定制如何影响目标受众的效率?以 IDEA 模式为视角,定性访谈、焦点小组和自然调查(以及定量研究方法)都可以用来回答这些问题,以及其他与改善参与式公共关系风险沟通相关的重要问题。

7.5.2　研究结论

在本章中,我们将 IDEA 模式作为一个理论框架来理解、解释、预测风险传播。我们首先阐述了风险传播评价的研究背景,以及相关的理论综述。然后,我们详细介绍了模型的四个主要组成部分，并解释了与每个组成部分相关的主要命题。最后，我们为未来的应用提供了具体的建议，包括风险类型和时机的各种应用，对四个组成部分相关概念进一步澄清，并指出方法三角测量的重要性。

IDEA 模式是一个全面的、以关系为中心的框架，用于理解风险传播与公共关系之间的动态互动。迄今为止，IDEA 模式阐明了受众如何参与对话，以产生双方都能接受的、有效的自我保护指导信息。该模式的各个组成部分（内化、分发、解释和行动）相互配合，以满足风险传播作为参与式公共关系的需求。

8 风险评价与传播交互的监测及预警

防范自然灾害是人类社会面临的一项日益严峻的挑战。在许多地区,洪水、山体滑坡和森林火灾等自然灾害频繁发生,对公民、居住地本身及其资源构成持续威胁。在过去的几十年中,灾害事件的总体规模清楚地表明,有必要进行全面和创新的风险管理,实施监控机制,以保护高危地区的人口、土地、基础设施和自然空间。因此,监测工具和预警程序是必不可少的,它们必须为风险评价、成功的风险传播提供必要的信息。这些都是 INTERREG IIIB CADSES 项目 MONITOR 的主要任务,本章将介绍其具体的活动和成果。

8.1 研究背景

MONITOR(Hazard Monitoring for Risk Assessment and Risk Communication)是 INTERREG IIIB CADSES 中的项目,旨在进行灾害管理,重点是监测方法和风险传播。该项目的实施是通过奥地利、斯洛文尼亚、意大利、捷克共和国、希腊和保加利亚之间的跨学科合作实现的,所有伙伴国都有不同的地形。与山区地形布局相关的主要灾害是雪崩、泥石流和暴雨径流,非山区地形面临的灾害则包括沉降和洪水。此外,森林火灾是一种特殊的灾害,主要发生在干旱时期,并因气候变化而加剧。

面对这些危害,有必要采取预防措施来保护居住区的居民和基础设施,而实现预防性保护的方法之一是在监测措施的基础上安装预警系统。预防措施的主要目标包括:(1)减少潜在危害;(2)增加应急响应时间;(3)减少和减轻损失。因此,监测和预警系统是风险管理不可或缺的一部分,它们能够为成功的风险评价和风险传播提供必要的信息基础。

参与 MONITOR 项目的地区,预防灾害与土地使用(规划)密切相关。在现有土地资源控制机制压力较大的高危地区,灾害预防、预警系统和相关的风险传播与沟通应占主导地位。监测系统不能用作决策系统,而只能用作防灾支持系统,因此,需要针对目标群体进行风险传播与沟通。而 INTERREG IIIB CADSES 在专家与相关公众和其他利益相关者之间架起了一座沟通桥梁,其中,MONITOR 的专题重点及与邻近专业领域的关系如图 8-1 所示。

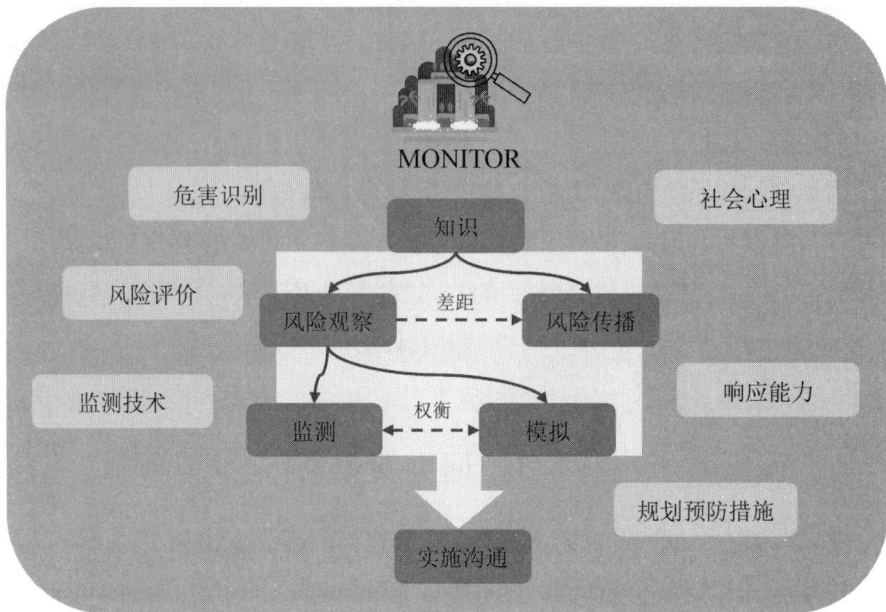

图 8-1　风险监测及预警系统 MONITOR 专题领域

8.2　风险监测及预警程序

8.2.1　通用风险语言

尽管风险管理领域的专家和学者已经做出了许多努力,但危害和风险语言中的术语尚未实现统一和标准化。这导致了不同学科及语言之间的沟通问题。在不同情境中,这些误解不仅令人厌烦,而且可能是危险的。例如:

●风险与危害的混淆：作为基础术语，"风险"和"危害"经常被当作同义词使用，明确区分这两个概念对任何风险传播与沟通都是至关重要的。

●术语翻译问题：在更具体的层面上，大规模运用的术语（如英语术语 Landslide、意大利语术语 Frana 和德语术语 Hangrutschung）清楚地表明了不同范围术语的翻译问题。

为了建立一个共同的知识库，并对术语有一个统一的理解，MONITOR 内部成立了一个特别工作组，主要负责以下事项：

①在 MONITOR 的专题领域内收集和定义通用基础词汇；

②将这些术语形式化为本体（Ontology）；

③在陈述性知识（关于事实的知识）的正规化中使用这些术语；

④结合已确定的情况，整合这些关于监测方法和风险传播的正规化知识；

⑤将生成的本体作为知识库使用，通过网络接口和查询功能提供访问。

为此，MONITOR 定义了一个本体，涵盖基本风险术语和基本风险管理术语。本体是知识领域内概念化的正式规范[177]。换言之，本体是对代理人或代理人群体可能存在的概念和关系的描述。更具体地说，本体是一种逻辑理论，说明了形式词汇的预期含义[178]。

目前，MONITOR 本体论的第一版是在一系列会议上开发出来的，这些会议包括五次正式会议和其他多边会议，建立了一个包含 400 多个术语的重要术语汇编。对这些术语的分析表明，许多定义（通常由知名机构发布）互不兼容，有时甚至本身就不一致。因此，权威机构为每个术语找到一个"最佳"定义的初衷，被证明是不可能实现的。定义不一致的问题通常出现在定义中包含日常用语和使用非常笼统的概念术语的地方。这些基本术语的例子包括"过程""事件""方法""特征""任务"或"情况"。它们在领域词汇表中大多被认为是理所当然的，因此没有明确的定义，使用方式也往往非常不统一。

术语系统如果基于不一致的基本术语定义，那么其自身也会不一致。因此，术语系统需要一个一致的高级术语基础。系统化的方法需要以定义明确的基本术语作为起点。为此，MONITOR 建立在 DOLCE（Descriptive Ontology for Linguistic and Cognitive Engineering，语言和认知工程描述本体）之上。DOLCE 是 FP6 研究项目开发的顶级本体，它提供了所有通用术语的形式化定义，也成为了 DIS-ALP 本体的基础，使得 DIS-ALP 本体和 MONITOR 本体能够轻松整合。

如图 8 - 2 所示，"风险"一词是最基本的相关术语，也可能是争论最多的术语，其定义和使用有助于说明 MONITOR 方法及其相关性[28]。将"风险"定义为损失的概率，使"风险"成为一个具有相当分析性的术语，在实践中无法直接使用。经济学、社会学和自然科学在实际工作中采用了不同的风险定义。然而，上述定义虽然备受争议，但似乎是唯一可以作为共同基础的定义。因此，本书认为它是作为风险整合性概念的唯一可能[179]，并将在下文中进行详细论证。将风险视为损害的概率是一个有价值的起点，然后通过其计算方式进一步区分风险，使专家能够识别"客观"风险。

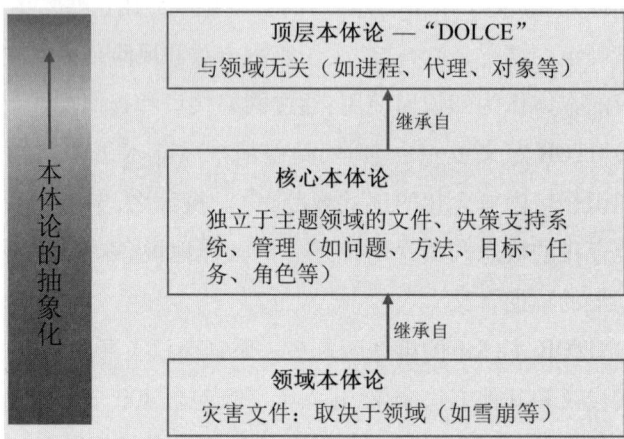

图 8 - 2　风险监测及预警本体论模块

与此形成鲜明对比的是"建构"风险，它是日常风险感知方法的结果，这种"建构"风险的计算基础是非同寻常的因素，如经验、可控性或潜在损失及潜在收益分配的社会公正性。在实践中使用"风险"一词时，有必要根据其被认为与众不同的术语来区分其用法。Neisser[180]在讨论风险术语时详细阐述了这种区分方法，并通过将某一术语与其在某一应用领域典型用法的主要区别术语进行对比，以区分该术语的不同概念。

①机会：事件产生积极影响的概率（与损失相对）。收益和损失，主要用于经济领域。

②安全性：无危害（无威胁）。

③危害：社会学家 Webb[181]将危害与风险区分开来，指出危害独立于人类

行动而存在,而风险总是与人类行动相关。

因此,风险是蓄意决定冒险的结果,暴露则是风险的必要条件。当考虑到未知风险和非故意承担的风险时,它就与我们的定义背道而驰了。卡特里娜飓风的例子说明了一些受众故意留在受危害地区,因此承担了风险,而另一些受众则别无选择,他们被迫受到危害,而非主观意愿,因此这些公众受到了危害但不是风险。

Webb[181]指出,风险是由社会建构的,它被归结为危害,实则违背了现实情景。因此,我们在现代社会比在传统社会感受到更多的风险,尽管传统社会更多地暴露于"客观"的危险之中。他认为,对这一矛盾的满意解释不能通过重新定义风险,而是要通过对损失的定义进行仔细分析。从这个角度看,现代社会与传统社会的差异可以用损失定义的不同来解释:造成负面影响但经常发生或无法回避的事件不被视为损失,而被视为生活的"正常"部分[182];一种影响只有在偏离常态或本可以避免的情况下才会被归类为损失。这一点在现代社会比在传统社会适用得多。因此,损失的定义可扩展为"与正常生活条件相比被归类为负面的影响"。

在风险传播与沟通中使用这些术语时,术语含义上的这种区别就很明显了。Plapp[182]注意到,许多测试人员在一项与风险有关的调查中认为,淹没不应被归类为风险,而应被归类为危害。这是因为从个人角度看,淹没被认为是"不可控制的",因此从建构主义的角度看,淹没不被视为风险。由此看来,即使是在谈论风险的最基本层面上,误解也很常见。这种风险规避的后果在实践中是非常明显的:如果某件事不是风险,像许多人对洪水的看法一样,他们就不可能对其采取行动。因此,风险传播与沟通必须以清晰、明确和广泛接受的语言为标准。

总而言之,MONITOR 使用共同的正规化知识库(本体)的主要优点如下:

①允许直接、方便地获取知识(有明确的切入点);

②允许跨越不同语言、学科和应用的边界进行传播与沟通;

③允许(部分自动化地)使用知识,例如将其作为决策支持系统(Decision Support Systems, DSS)、知识服务(网络服务)或简单的知识查询和可视化选项;

④提供对知识的不同看法,例如适应用户群体,侧重于特定应用领域或特

定词汇。

在本体定义阶段，本体的主要用途是"参考本体"。该参考本体可作为项目合作伙伴和项目专家的工作基础和讨论基础。在后期阶段，本体可用作"应用本体"，允许不同的应用程序和不同的服务直接并自动使用 MONITOR 的形式化知识，由此产生的本体可被视为不同应用的共同背景知识。

8.2.2 风险管理与公众参与

风险管理是一个持续的过程，旨在将风险降至可接受的水平。它包括行政决策、组织、业务技能，以及执行政策的能力和战略，还涉及社会和社区的应对能力，以减少自然灾害及相关环境和技术灾害的负面影响。地震活跃地区的居民点和基础设施经常受到自然灾害的严重威胁。不同的目标群体和地区所面临的灾害过程也各不相同。在某些情况下，虽然危害过程是已知的，但却无法采取保护措施（例如由于保护成本高昂）。在这种情况下，一个可能的解决方案是对过程进行监测，以提供早期预警能力。因此，MONITOR 的主要技术重点是在风险管理实践中实施监测与预警方法。

预警系统在受威胁的居民能够直接对预警做出反应并采取必要的保护措施时最为有效。因此，风险传播与沟通作为风险管理的重要部分，被认为是 MONITOR 的重点，也是对监测的积极补充。然而，将公众纳入风险管理往往是困难的，主要原因之一是其缺乏风险意识，另一个原因是专家和公众对风险的认知存在差异，使有效实施预警系统尤其困难，因为预警系统在很大程度上依赖于成功的风险传播与沟通。为此，MONITOR 致力于定义清晰明确的语言，使相关人员都能理解。

然而，一个普遍存在的问题是，尽管专家通常擅长评价风险，但他们不一定是最好的沟通者。负责安全的不同机构越来越多地使用现代参与技术，将公众纳入规划过程和公共安全措施中。媒体在风险传播与沟通过程中也扮演着重要角色。电视、广播和报纸等媒体渠道对许多人具有重大影响。通过适当的事实报道，它们可以提高人们的风险意识和对保护与预防措施的接受程度。

另一个重点是通过互联网提供信息。例如，奥地利推出洪水风险区划工具，人们都可以通过网站（www. hochwasserrisiko. at）轻松获取有关高危地区的信息；东阿尔卑斯地区极端气象事件数据信息系统（Meteorological Extreme

Event Data Information System for the Eastern Alpine Region，MEDEA）是一个国家合作伙伴合作项目，旨在建立一个极端气象事件数据信息系统。这些工具可作为欧盟数据传输系统的基础，如 Corine 数据库、CECIS、MIC、INSPIRE、EUMS、EUSIS、GMES、ARGUS 网络、GEOCOMPASS 等。

为了提高风险意识，MONITOR 编制和传播关于预警系统及相关保护措施的信息，并组织关于沟通过程的培训课程，例如公众会议、传播危险区地图草案、高危地区和土地使用冲突的信息。欧盟指令（例如《水框架指令》《公众获取环境信息指令》和《洪水风险评价和管理指令草案》）及 MONITOR 伙伴国的不同联邦州和省法案（如《奥地利联邦森林法》《奥地利铁路法》《斯洛文尼亚消防法》《斯洛文尼亚自然灾害和其他灾害防护法》《捷克共和国危机管理法》《捷克共和国综合救援系统法》）都支持这些举措。

8.2.3 Monitool——简化决策支持系统

为了防范灾害，对高危地区进行监测是绝对必要的。通过不同的观测方法，可以在特定区域内，出于特定目的，按照规定标准进行检查、跟踪或测量。最常用的监测方法是直接监测和仪器监测。与实地调查相结合，这些方法是分析潜在危害和损失、收集辅助数据的基本手段。描述风险情景需要监测数据，可以通过启发式、统计式或确定式方法完成。监测有助于评价相关过程及其结果和触发因素之间的时空关系。监测可以在风险管理周期中的任何阶段进行，包括预防、预测（准备）、响应和恢复。对于预测和响应，监测必须是实时或接近实时的；对于预防和恢复，监测可以是接近实时或非实时的[183]。

在每个风险管理阶段，监测的重点包括以下内容。

①潜在的危险情景：预测特定的自然或人为危险过程将在何时何地以何种方式发生。

②潜在的损害情况：评估特定的人为或自然资产受到危害的影响、损害程度和损害成本。

在具体的风险评价问题中，选择何种监测系统取决于许多限制因素。数据收集应能够分析确定特定自然现象发生的地点、方式和时间等关键因素。

①地点：详细绘制可能发生特定现象的区域图。

②方式：评价现象的运动学，评估其强度。

③时间：评价特定强度的重现期（频率）或特定时间跨度内的概率。

对危险区的探测和特征描述意味着定义所有可能的地点、方式和时间因素的组合，这些因素反映了同一地区存在的多种危险情景。数据收集必须包括基本数据和衍生数据。数据收集和处理方法主要分为以下几类。

①观测方法：通过这种方法我们可以描述现有或正在发生的现象（包括监测现象的诱发原因和影响）。

②统计方法：通过这种方法，我们可以分析相关现象及其成因之间的时空关系（即那些在时间上可变性有限的现象）。

③确定性方法：通过这种方法，我们可以分析相关现象与其诱发因素（即时间变化较大的因素）之间的时空关系。

然而，在技术或政治层面上，决策者往往倾向于坚持自己的知识体系，选择他们更有信心的监测系统，即使这些系统对于某些目的或环境条件可能并不是最合适的。这样一来，他们就无法识别其他可行的系统，主要因为没有工具来支持他们对自己知之甚少的设备进行利弊比较。

在 MONITOR 系统中，工作组努力确定了一组核心限制因素，这些因素是在为特定应用选择监测系统时必须考虑的。其目的是勾勒出一个可能的决策支持系统（Decision Support System，DSS）的骨架结构，通过考虑制约不同系统成本效益的不同因素，使用户最终能够确定一套可行的监测方案，并根据规格表进一步分析、比较和选择。

这个名为 Monitool 的 DSS 专门针对水文地质风险（包括滑坡和雪崩）而设计。它由系统选择模块和系统数据库模块组成，前者按顺序排列核心限制因素，后者则根据标准电子表格列出每个监测系统，包括其主要技术和运行特征。

Monitool 的系统选择模块考虑了"为什么—什么时候""做什么""在哪里"进行监测的基本问题。监测系统数据库模块提出了在给定条件下"如何"进行监测的问题。

（1）系统选择模块

系统选择模块（Systems Selection Module，SSM）的关键在于监测的核心限制因素，此为监测的目的，换言之，为什么要监测某些东西及最终的"关注期"是什么（在这段时间内必须进行监测）。以水文地质灾害（如地层移动）为例，如果我们将破坏性事件的发生时间定为零，那么风险管理阶段和关注期之间就存在以下直接关系。

①响应:1 至 3 周(需要控制事件的畸形发展,并对正在发生的事件情景进行更新)。

②恢复:1 至 3 个月(需要控制事件的残余发展)。

③预防:1 至 3 年(需要分析因果关系,确定未来可能发生的事件,并实施风险预防战略和结构性缓解措施)。

④防备:2 至 10 年或更长(为使预警系统的维护具有成本效益)。

这个时间安排只是指示性的,基于事件发生时没有先前监测数据的假设。事实上,如果事件发生在事先已经监测过的工艺流程中,则可以跳过预防监测阶段,直接开始设计预警系统。

在某些风险管理阶段排除特定的监测系统,关注期的后续工作仅以实际操作问题为基础,例如安装系统所需的时间和精力,或在给定时间内系统可以在特定的时间配置(实时或非实时)下运行的可能性。如果所关注的时间段只有几天(如在响应阶段),那么在如此有限的安装时间跨度内,只有少数系统可以稳健地实时运行。利益相关期会对其他关键限制因素产生影响,这些因素包括:

①现场的可进入性。如果在关注期内,现场因任何原因无法进入,那么所有的现场传感系统都将被排除在外,遥感是唯一的选择。

②全景位置地点的可见度。如果在所关注的时期内,该地区的地形有植被覆盖,从全景点无法看到该地点,那么所有地面遥感系统都将被排除在外。

③空中俯瞰位置能见度。如果在所关注的时期内,该地区的地形有植被覆盖,从空中无法看到该位置,则排除大部分航空或卫星遥感系统。

④被监测因子的预期变异性实体。如果在关注期内,该因子超出了特定系统的测量范围,则该系统将被排除在外。

因此,具体监测系统的选择最终取决于需要监测的因素(原因或影响),以及对系统的要求,即自动操作(无监督的方式收集、传输和处理数据)或手动操作(数据收集—处理链的某个环节需要人工干预)。后一个要求对于选择用于备灾阶段预警或警报目的的监测系统非常重要。

(2)系统数据库模块

系统数据库模块(Systems Database Module, SDM)是标准化电子表格的集合,包含每个监测系统的相关信息,以支持特定系统的最终决策,具体包括以下信息。

①一般说明:概述基本的"物理"和"运行"原则。

②技术特征:列出主要的"技术"变量,如测量范围和精度等。

    a. 系统类别:遥感或现场传感。

    b. 监测因素:原因(准备性、触发性)和影响(直接、间接)。

    c. 监测的空间范围:局部或分布式。

    d. 数据采集频率:连续或不连续。

    e. 数据提供的时间:非实时、近实时、实时。

③应用领域:根据现象类型、一般环境条件和风险管理阶段的目的,以矩阵形式列出该系统的应用领域。

④实施工作和成本:说明系统运行所需的人力和财力。

(3)实践的后果

如前所述,决策支持系统被开发成一个简单的计算机应用软件,通过它,非监测专家可以对特定用途的监测系统进行比较和选择,通过比较不同的方案,找到可行的监测解决方案。当然,要将选定的监测系统付诸实践,还需要专家的参与,他们可以进一步详细说明特定系统的优缺点。

8.3　空间规划领域风险监测及预警工具的应用

空间规划涉及多个领域,必须采取跨学科的方法,包括建筑、环境规划、土地利用规划、交通规划、城市设计、城市规划、城市复兴和城市更新等学科。在大多数发达国家,土地使用规划是社会政策的重要组成部分,旨在确保土地得到有效利用,以造福经济和人口,并保护环境。MONITOR 的主要目标是分析与风险管理相关的规划工具和法规。

8.3.1　动态土地利用管理系统

综合土地利用管理的核心要素集中在空间规划、森林规划和土地利用规划方面。山区的土地使用冲突源于对自然资源的相互竞争利用;山林是抵御自然灾害最有效的防护措施之一,应作为自然栖息地加以保护,并在必要时确保其稳定性;农业区的使用也应支持自然灾害的防护。因此,空间规划法规应包括预防自然灾害的原则,并定义标准化和透明的措施。

相关区域被分为可用土地(包括建筑、交通设施和农业用地)、非可用土地(包括荒地和岩石等)及自然资源区域(包括森林和水域)。根据奥地利可持续发展战略的主要目标ⅩⅢ,到2010年,可用土地的消耗面积增长应减少到1/10。奥地利空间规划会议、阿尔卑斯公约和欧盟土壤保护战略都支持这一措施。空间结构变化的影响尤为显著,尤其是在山区。MONITOR指出,在合作伙伴的研究区域内,必须采取相应措施来支持将潜在危害降至最低的土地利用开发水平,以应对可能出现的土地利用冲突。对高危地区相关自然风险特征基础数据进行的评价,应可用于区域空间规划。在不同机构之间交换和获取用于开发工具的基础数据是MONITOR项目的一部分,旨在探索最佳的跨学科工作流程。我们将讨论如何利用地区层面的规划工具,以及如何消除密集型多用途文化景观中的目标冲突。从可持续利用土地的角度出发,考虑当地的所有优势和劣势,新的战略必须促进整体状况的可持续改善。MONITOR试验区已经通过相应的工具证实了这一点。较好的办法是采取预防措施,特别是通过空间规划措施,如广泛隔离危险区域。这些措施已被纳入空间规划制度、森林法案和水法案。事件记录工具是危险区规划的基本工具之一,符合欧盟关于洪水风险评价和管理的指令要求。

为了进一步预防风险,需要提供有关人口的信息、对行动力量进行相应的教育、制订应急计划并建设警报系统。这一阶段应纳入干预专家(如行政部门、规划机构、规划部门、保险公司等)。考虑到"谁污染谁付费"的原则,调整后的用途应获得更高的地位,以最大限度地防止危害,并防止对地面和土壤的投机行为。

为了消除潜在的冲突,有必要考虑所有相关方的利益。解决这一问题的方法必须是参与式的,同时考虑到法律框架和现有的、不断发展的结构。为了尽量减少土地使用管理中的冲突,必须将所有利益相关者纳入规划和实施过程。除了采用不同的方案,还要使用不同的方法和手段。

8.3.2 规划工具的跨国比较

对 MONITOR 合作伙伴国家的规划工具（包括空间规划工具、高危地区保护工具、森林规划工具和水资源管理工具）的比较，揭示了不同的组织和立法结构及其权限，以及最终用户的技术现状。

2008 年 2 月，拉姆伯格 - 冈彭施泰因（Raumberg-Gumpenstein）召开的 MONITOR 会议"保护环境背后的系统"跨学科讨论了作为风险管理基础的国际空间规划标准的最佳实践。为了在农村地区建立一个统一的自然和人为灾害防护标准，需要对行政和法律机构进行根本性变革，并加强不同学科专家团队在规划文书处理过程中的合作。这对于综合土地利用管理，以及保障居民点、耕地、自然保护区和基础设施免受自然灾害的影响至关重要。

（1）奥地利保护高危地区的规划法规、职责和工具

在奥地利，空间规划属于州（省）一级的职责，这意味着有 9 种不同的法律，以及相应的多种规划工具（土地利用规划、地区和部门发展概念及方案）。市政当局在空间规划方面具有重要的组织地位和领导责任。市议会是第一建筑权力机构，以三分之二多数决定并宣布居住区或建筑限制。

土地使用规划确定了使用的优先次序（建筑区、草地、贸易和工业区、文化区、基础设施等），对建筑当局和业主具有约束力。业主有权申请建筑许可，但没有义务进行建设。建筑管理规划从属于土地使用规划，对建筑排列线、建筑高度、开放区域等做出规定。第三个规划工具是国家发展规划，它是国家领土的全面规划，具有监管和发展功能。

发展计划可以在地方、地区和州一级制定，作为计划的框架或指导，也可以作为具体措施的详细计划。《施蒂里亚地区政策法》规定了两个发展计划，具体如下。

①水管理：地表径流管理必须与自然防洪措施相协调，主要目的是保护居民及其生活空间免受洪水和山体滑坡的影响，保护地下水，发挥水资源的生态功能。

②农业和林业：森林对景观、气候、土壤、空气、水和娱乐的保护功能必须根据当地条件，与最佳耕作保持一致。

其地区一级也有发展方案、概念和计划，其中包括法规和发展政策要素。

一个重要目标是土地的可持续利用,尽可能减少对自然环境的影响,并将土壤作为不可再生资源加以利用。这在公共利益和私人利益之间,以及在国家和欧盟层面的指导方针和指令的高要求之间是一个走钢丝的过程。

1975 年,《奥地利联邦森林法》规定了森林规划工具。森林发展规划由森林管理局制定,描述了森林的不同功能。它是奥地利林业的基础,描述了奥地利的林区和四种森林功能(经济、保护、福利和娱乐)。

区域研究是奥地利《山洪和雪崩控制服务技术指南》的一部分,为启动保护措施,以及评价和有效利用资金(如奥地利灾难基金)提供了基础。其主要目标是对应用领域的保护措施进行优先排序,并在规划过程中与其他利益相关者协调活动。联邦农业、林业、环境和水管理部、奥地利山洪和雪崩控制处、州政府、地方和地区政府,以及对危险措施感兴趣的受影响人群是该计划的执行机构。

危险区地图是奥地利最重要的灾害管理工具。它被用作地区规划和建筑部门的依据,但并不具有规范性。危险区地图介绍了洪流和雪崩造成的危险在洪流或雪崩集水区的定性和定量分布情况。将危险区地图纳入土地利用规划后,高危地区就变得清晰可见并具有法律约束力。截至 2017 年,其危险区规划还只是一种有条件的咨询意见[184]。绘制危险区地图是奥地利山洪和雪崩控制局的一项重要职责,属于国家管理范畴。

《奥地利山洪和雪崩电子地籍》也以 1975 年《奥地利森林法》为基础,客观显示了奥地利山洪和雪崩的现状和发展情况。它是国家法律中执行欧盟洪水风险评价和管理指令的一部分。

行政水计划是以奥地利水法和战略水计划,以及与水有关的法律为基础的具有地域参考性的内部指导方针,对市政当局、土地所有者和水权所有者具有约束力。

洪水危险区地图沿河长约 4800 千米,仅涉及居住区。联邦农业、林业、环境和水资源管理部,以及奥地利 9 个州的地方政府负责绘制洪水危险区地图。

因此,奥地利的联邦制原则造就了保护高危地区的准则定义和手段的多样性。这些工具(在省和州一级)并不总是相同的,使用的范例必须有明确的理解,并且应根据责任感和高危地区风险管理的知识来组织管理机构。

(2)意大利的规划法规和工具

意大利的空间规划，例如博尔扎诺省的空间规划，与奥地利类似，在省一级进行管理。管理土地使用的手段（省级发展和省级空间规划）以地区的生态、经济、文化和社会发展为目标。每个市镇都必须为保护区、滑雪场和其他区域制订社区建设计划，并制定建筑法规的特别指导方针。

城市土地使用规划适用于现有和规划中的建设区域，必须包含一份关于土壤质量（土壤保护、水资源保护和土地合理使用）的地质调查报告。地质和水文地质风险区域会被不断划分，根据风险区域的不同，会对施工进行再培训或实施禁令。

省级发展和空间规划整合了全省的地质和水文地质图。此外，专家计划是该省目标、基本原则和指导方针的具体计划。在意大利，危险区地图没有被定义为森林文书，但包含关于绘制危险区地图和特殊风险分类的指令。危险区地图由市政当局直接启动，并由一个独立的跨学科专家团队编制基本数据。

意大利最重要的地质风险监测和管理工具名为 PAI（Piano di Assetto Idrogeologico）。它由流域管理局根据水文流域尺度制定，包含大规模移动、雪崩、洪水的区域，并按 4 个危险等级（从 P1"低危险"到 P4"极高危险"）进行分类。危险程度越高，土地使用管理规则的限制性就越强。

威尼托大区通过地区协调中心（Co. R. Em）直接控制相关的风险管理和监测。地区安置规划通过四张地图来展示特定城市的地区情况：债券地图、不变地图（包含不可改变的文化、环境和地质要素）、脆弱性地图（适合改造的区域、条件适合的区域和不适合的区域）和可改造性地图（预期改造）。

在威尼托大区，水源保护计划（Piano di Tutela delle Acque，PTA）是土地利用规划（领土安置规划）的补充。这是一个重要的区域规划工具，欧洲水框架指令 2000/60 和意大利法律第 152/99 号，专门规定了沿海和河流的水质标准。这样，农业用水和生活用水就有了保障。

《森林灭火规划》于 1999 年根据第 6/1992 号法律制定，第 353/2000 号国家法律对其进行了更新。

（3）斯洛文尼亚的规划条例和文书

《斯洛文尼亚空间发展战略（2003）》指出，任何可能威胁到居民区和人类活动的自然过程都应被视为空间使用规划和活动的限制因素。所有地区的空间发展，特别是受威胁地区，必须考虑自然灾害和其他灾害（如洪水、大规模地质运动、侵蚀、雪崩、自然火灾和地震)的影响进行规划。预防性规划应通过将活动从潜在灾害地区转移出去,对危险区域和受威胁区域的主要活动进行适当管理,并控制可能引发自然或人为灾害的活动来降低风险。

斯洛文尼亚国防部、共和国自然和其他灾害防护监察局及其分支机构负责监督灾害防护领域法律的实施。从 2002 年到 2007 年,斯洛文尼亚制订了以预防为主的国家自然灾害和其他灾害防护计划,确定了五年计划中的优先事项。2004 年发布的《国家环境行动方案》通过绘制危险区域图,确定了受威胁地区,并制定了相应的保护措施方案作为预防措施。《水基金计划》明确了启动建设措施和其他手段的实施,如土地使用管理、土木工程标准和保险。

森林规划手段虽然未单独说明,但已将受威胁区域通过空间规划文书进行定义以作预防性规划。《斯洛文尼亚水法》纳入了洪水危害图和洪水风险等级的立法框架,这与欧盟关于实施洪水风险评价和管理的指令一致。根据该指令,所有欧盟成员国必须在 2011 年前完成初步洪水风险评价,并在 2013 年前完成洪水危害图绘制,到 2015 年公布其洪水风险管理计划。斯洛文尼亚正在编制侵蚀危害地图,并随着对危险区地图指南的最新修订,及时执行欧盟洪水指令的要求。

(4)希腊的规划条例和文书

希腊的空间规划旨在促进人类活动在空间上的综合均衡分布,实现经济发展、社会和谐和环境保护。总体空间规划框架是国家一级,以及区域和地方当局规划具体政治和投资项目的参考依据。这个框架由环境、自然规划和公共工程部制定,并经国家空间规划委员会批准,每五年修订一次。

特定空间规划框架具体化并补充了总体空间规划的指导方针,主要涉及特定生产活动、网络和服务部门的空间布局。这些框架还定义了特定区域(如沿海地区、山区、自然保护区)。区域空间规划框架为全国每个地区制定,指明了地区一级基本网络和服务的空间布局、各生产领域的位置(决定生产活动的有组织发展区域),以及针对特定区域的空间和城市综合干预项目的指导方针。这些框架遵循总体框架和具体框架的指导方针,明确并完善其基本优先事项,以促进每个地区的可持续、平衡发展。

(5)跨国规划战略和活动比较的结论

对奥地利、意大利、斯洛文尼亚和希腊规划工具的比较表明,设立不同行政层级（国家、省和地方政府）的规划机构并不总是高效的，通常导致繁文缛节。在实践中，风险管理的责任、危险预防措施的整合（如危险区域图），以及工作流程的权限，未能达到最佳效果。

奥地利各州和共和国之间的新财政平衡将揭示行政当局的结构是否能够加强合作，并以更可持续的方式将资金用于危险防护和监测系统。数据传输合作应以更加透明的方式进行，并明确风险预防的优先事项（例如，一方面绘制山洪危险区图，另一方面绘制水管理危险区图）。

在希腊，规划工具和工作流程的透明度应更多地与受影响人口进行沟通。斯洛文尼亚可以借鉴意大利和奥地利的灾害绘图方法，将其纳入实际工作中。在意大利，跨学科工作意味着将专家纳入空间规划过程，这可作为不同机构和学科之间未来合作防范危害的范例。

全面看待保护受威胁地区的法规和文书是必要的。在国家法律中，实施欧洲联盟的相关指令（如水框架指令、洪水风险评价和管理、自然栖息地和野生动植物保护、土壤保护等）和国际数据传输（如 MIC、INSPIRE、Corine 数据库、CECIS、欧洲土壤地图集、EUSIS、GMES、GEOCOMPASS 等）应更加适应有关人员和机构的实际需求并提供必要资源。

每个国家都需要重组其行政管理，以应对欧盟规则带来的新挑战。跨国风险管理和土地使用管理的沟通应基于标准化的术语。为解决潜在冲突，需要制定明确的规则，以实施保护受威胁地区的共同战略和活动。风险管理跨学科网络应成为一个具备标准化程序、活动和指令的广泛平台。

8.4　启示与结论

欧盟项目的成果（根据实际产出的定义）将服务于各种目的，选择了不同的出版形式，以便向相关用户群体传播成果。MONITOR 项目成果所针对的不同层次如下。

（1）科学和专家层面

在科学和专家层面，欧盟发布了一系列详细报告。例如，第一份报告（工作包 2 的成果）从法律、组织和技术角度概述了方法考虑因素和框架条件。工作包 3 的方法论和工作包 4 的风险传播的主要成果则作为科学报告发布,分别名为《监测指南》和《风险传播指南》。

（2）决策者和实践者层面

针对决策者和非该领域的专家群体,这些科学报告进行了简化和特别编排,以提供一系列简明的领域介绍。这些介绍汇编成一份包含项目成果的完整概述,称为"最终手册"。

（3）公共传播

对于公众,其内容通过 MONITOR 网站发布,辅以具体的传单和海报,主要用于提高公众对特定危害的认知。

此外,欧盟还发布了两次 MONITOR 的会议纪要:《Monitor|08—监测方法与安全环境》和《Risk:07—风险传播》。这些纪要也面向广大的专家群体。

横向领域的《本体论》（用于知识管理）已纳入一份专家级报告,并且部分地作为可在线浏览的《本体论基础》（参见:portal. dis-alp. org）。现代通信技术可利用这份《本体论》,作为未来风险传播与沟通工具的基础。该工具应不断加强,使其成为从业人员进行风险沟通的便捷工具包。

不久的将来,需要对 MONITOR 项目成果的实际使用情况进行评价。监测、风险传播和本体开发、使用方面的新概念也需要相似的评价。

9 风险评价与传播展望

风险评价与传播领域必须不断进步，以应对当前和未来的挑战。随着新系统和创新不断涌现，我们的生活正经历着迅速的变化。在本章中，我们将探讨这些变化和创新如何影响风险评价和传播，并分析所带来的挑战。数字化虽然带来了许多机遇，但也引发了网络生态系统的复杂性问题；气候变化和极端自然事件正越来越多地威胁我们的基础设施；恐怖主义和恶意威胁对我们的社会系统和生命安全构成了严重挑战。这些危险源具有极大的不确定性，因此难以进行定量描述和建模。本章介绍和讨论了一些新的研究和发展方向，包括利用模拟技术来探索和确定事故情景，将风险评价扩展到韧性和业务连续性框架，依靠数据进行基于动态和状态监测的风险评价，以及系统规划的风险传播战略。

9.1 研究背景

现实世界的各个领域正在迅速变化。数字化带来了新的连接、监控和感知机遇，正在改变我们的沟通、传播和社会行为方式。流动性和社会压力改变着我们的生活和工作环境。知识和技术的不断进步改善着生产流程、产品和服务，同时也在改变业务和岗位环境。随着数字世界、物理世界和人类世界的不断融合，我们正经历一场深刻的工业变革，这场变革将深刻影响我们的生活。第四次工业革命、物联网和大数据、工业互联网正在改变产品与服务的设计、制造和供应方式，我们正在创造一个由物和人组成的复杂网络，这些物和人无缝连接并进行沟通，使生产系统和服务更高效、更快速，使连接全球经济的复杂供应链和分销网络更灵活、更有弹性。

在这个瞬息万变的环境中,部件和系统的可靠性仍然在工业中发挥着关键作用,而作为一项基本权利,安全和安保属性也日益受到关注。正在开发的创新技术极有可能增加福祉和效益,但也会产生新的失效机制和危害,并带来新的风险,部分原因是系统内部和系统之间存在新的未知功能和结构依赖关系。另一方面,知识、方法和技术的进步,信息共享、数据可用性和计算能力的提高,为风险评价和传播提供了新的发展机遇。风险评价和传播正在发生演变,甚至可能是一场"革命"。本章考虑了上述背景,并指出了风险评价和传播前进道路上的一些方向。

①知识和数据快速增长:可用于描述和分析危害、建立模型和计算风险的知识、信息和数据已大大增加,并将继续增加。

②建模能力显著提高:现有的建模能力和计算能力已显著提高,可以用以前不可行的方法进行前所未有的分析。

③系统复杂性增加:系统的复杂性日益增加,如今越来越多的异构元素(硬件、人、数字)组成高度互联的结构,导致难以预料或预测的行为,这些行为由意外事件和相应新出现的未知系统反应驱动。

④综合风险管理:要以系统和有效的方式管理风险,就必须综合考虑可能发生的潜在事故的各个阶段,包括预防、缓解、紧急危机管理和恢复。这就需要为业务连续性(生产可靠性和可用性方面)和韧性(安全性方面)的综合框架扩展风险评价和传播的视野。

⑤动态风险变化:风险会随着时间的推移而发生显著变化,因此所采取的预防、保护和缓解措施的条件和效果也会随之变化。

⑥系统规划方法:风险传播的系统规划方法有助于提高风险沟通的有效性。

未来正快速到来,考虑到处理相关风险方法的根源可以在过去找到,以下各小节讨论了风险评价和传播的发展方向和挑战,涉及事故情景识别和探索的仿真、韧性和业务连续性、基于动态和状态监测的风险评价及系统规划的风险传播战略。随着知识、方法和技术的进步,以及数据可用性和计算能力的提高,我们有机会不断发展风险评价和传播的方法。这些进步为我们提供了新的机会,可以更有效地管理和传播风险。

综上所述，风险评价与传播领域必须与时俱进，需要不断应对新的挑战并采取新的方法来解决问题。在快速发展的背景下，我们需要适应变化，利用新技术和方法，确保风险评价和传播的有效性和准确性。

9.2 风险评价展望

9.2.1 风险评价的模拟仿真

事故和事件通常被视为相关系统行为的极端状态。识别和描述危险事故和事件情景是风险评价中知识挖掘的一项基本任务。鉴于系统和流程的复杂性，这项任务在实践中极具挑战，需要考虑大量可能的情景、事件和条件的组合，其中只有少数罕见的情景会导致危急的不安全状况。这就使得实验在经济上不可持续，在物理上也不可行。因此，长期以来一直提倡将模拟仿真作为探索和理解系统行为并获取知识的一种方法[185]，并自二十世纪七八十年代以来一直用于安全评估。然而，正是建模技术的不断进步（包括基于人工智能的快速代用/元建模）及计算能力（包括并行计算和云计算）经济性的显著提高，才使得模拟探索系统的使用和风险评价知识的应用推进达到了前所未有的高度。

在基于模拟仿真的事故情景探索中，系统设计和运行参数的不同初始配置（输入）会被模拟运行，相应的系统状态也会被计算出来（输出）。根据指定的安全条件（临界阈值）对系统状态进行评价，可以确定导致临界系统状态的输入配置。这些状态形成了所谓的"临界区"或"损坏域"[186]。临界区可能是根据分析人员的先验知识和预期确定的，也可能是被"发现"的，即分析人员事先并不知道这些临界配置，而通过模拟挖掘可以确定这些临界配置。

同时，还可以利用模拟来估算事故情景概率，或运用其他描述风险的不确定性度量。在这方面，蒙特卡罗随机离散事件模拟方法已被公认为黄金标准[187,188]。在实践中，蒙特卡罗模拟包括生成大量的系统响应样本/试验/历史记录，并对达到相关状态的样本/试验/历史记录进行计数，即在临界区（损坏域）结束的样本/试验/历史记录。例如，为了估算系统在给定时间 t 的可靠性，即系统在 t 之前不发生故障的概率，需要运行一组系统的生命历程，并记录每个历程中系统发生故障的时间(故障时间)。同样,要估算导致系统进入特定临界区的事件发生概率,也可以通过对系统寿命进行采样并计算系统进入临界区的次数来实现,临界区由系统安全参数的特定阈值(如极限温度、压力、热通量等)定义[189]。因此,在风险评价实践中,利用仿真模型可以解决两个关键研究问题:

①确定系统的危险条件,即代表系统临界状态的成对事件——后果(即确定系统的临界区)。

②估算罕见临界情景的发生概率。

在风险评价实践中,使用模拟来解决上述两个问题看似简单直观,但实际上要求很高,因为系统行为的模型:

- 高维,即有大量输入或输出;

- 黑箱,即没有明确的输入/输出关系(因为编码在计算机程序中,或隐含在经验代用模型或元模型中,如基于数据和人工智能的模型);

- 动态,因为系统是随时间演变的;

- 计算要求高,即使是一次试验性模拟也是如此,这是由模型的上述特点及求解模型所采用的数值方法决定的。

输入的高维度意味着,为识别临界区域或估计其实现的概率而模拟系统行为时需要考虑的系统条件和情景,会随着输入空间维度的增加而呈指数增长[190]。同时,由于在如此大的空间内难以将结果可视化,这也使得为了解风险而进行的后验情景分析变得困难。这就需要开发专门的表示工具[191]。

黑箱模型不可避免地具有典型的非线性特征,不可能先验地确定导致系统进入临界区的输入配置集。在实践中,当计算模型是一个黑盒子时(因为本质上是经验模型,或者即使是基于物理的模型也很复杂),唯一可行的方法就是运行模拟并对结果进行后处理。

对于动态系统,复杂性的另一个维度来自必须处理系统在时间演化过程中发生的变化,例如在不同时间发生的事件(随机事件,如组件故障;或确定事件,如控制行动),这些事件会影响系统的运行[192,193]。

虽然计算能力在不断提高,但在许多实际情况下,计算成本仍然是基于仿真风险评价的一个问题。因为在这种情况下,即使是模拟单个系统的生命历程,计算成本也很高,这使得分析人员无法运行和探索大量的输入配置来挖掘知识,以确定系统临界区的特征。在分析高可靠性系统(即故障概率极小的系统)时,这更是一个问题,因为这些系统的临界区对应的域非常小,很难在庞大的输入配置空间中找到[194]。

为解决上述两个研究问题和相关挑战,目前主要有两种策略:

①利用并行计算、云计算等更强的计算能力,模拟大量的系统生命历程集。

②通过自适应采样进行仿真,这相当于智能地引导仿真向感兴趣的系统状态(即属于临界区的状态)发展。这就要求模拟方法能够在模拟过程中自动了解哪些配置最有希望访问。

回答上述第一个问题,需要对以下方面进行研究:

• 设计和实施新的自适应模拟框架,以发现与一组已知情景相关的(意外)后果。必须找到方法,引导模拟向那些在可能导致的后果方面更不确定的情景发展。

• 设计并实施新的适应性模拟框架,以识别关键区域。受益于建模、人工智能和机器学习方面的进步,这些框架可以有效地通过特征选择、灵敏度分析来降低模型维度以筛选重要输入,运行成本低廉的模型重现计算成本高昂的模型行为的元建模,探索系统状态空间的高效随机模型,运用非监督分类方法(即聚类)和高维空间可视化技术(如平行坐标图)。

回答第二个问题,我们需要有效的算法来模拟混合模型中的罕见事件,即变量根据物理定律演化的模型,而物理定律可能因离散(随机)事件而改变[195]。

事实上,混合模型中罕见事件的模拟已成为许多应用中的基本问题。例如,使用验证技术对自动驾驶汽车系统进行安全评价时,需要确保在动态环境中行驶的自动驾驶汽车的路径规划轨迹安全[196]。在交通场景中,交通参与者的测量、干扰和决策都是不确定的。这就为每个道路参与者提供了一组可能的初始状态、干扰轨迹和行为预测,在给定的时间范围内,交通场景可能会出现无限多的可达到结果状态。由于无法模拟交通参与者所有可能的行为,需要有效的模拟技术来验证混合模型,以探究(罕见的)相关事件,即通常可能导致事故的事件,根据自动驾驶汽车和周围其他行为者的可到达状态,可以得出碰撞概率[197]。

模拟还被大力提倡用于关键基础设施和系统的危险分析、安全和韧性评价[198]。人们越来越关注关键基础设施的脆弱性,系统在安全关键应用中的作用也越来越大,因此需要应对方法来分析其危险性,并验证其安全性和韧性。其中一个可行的方法是模拟各个系统组件对不同扰动和故障的反应,并在空间和时间上进行采样,以观察系统组件之间相互作用的效果及相应的系统行为。对这类系统进行分析所面临的挑战在于系统边界没有明确的定义,系统中的组件集可能会随着时间的推移而变化,这可能是正常运行的一部分(例如一辆新汽车进入交通场景或一架新飞机进入受控空域),也可能是系统本身进化发展的一部分(如一条交通线因施工而中断或一个军事单位接收了一个新的防空系统)。在这种不确定的动态环境中,传统的分析技术可能不足以确定某个部件的故障是否会对整个系统造成危害。另一方面,仿真技术可以提供一种分析方法,用于分析由多个部件组成的系统,这些部件以复杂和不断变化的方式相互作用。

9.2.2 风险评价的业务连续性和韧性

在现代社会中,系统和基础设施越来越多地暴露在各种破坏性事件的威胁之下[198],如意想不到的系统故障、气候变化引发的自然灾害、恐怖主义袭击等。因此,风险评价的应用对于风险管理来说至关重要,能够防范破坏性事件带来的潜在损失。传统的风险描述主要关注事故情景、可能的后果及其可能性,以及这些情景中的不确定性,而通常忽略了事故后的恢复过程[199]。

然而,鉴于破坏性事件的危险源具有极大的不确定性,难以定量描述和建模,再加上系统之间的高度关联性,破坏的影响往往超出了单个系统的边界。因此,有必要扩展评价框架,以便综合管理风险并协调使用可用资源。这个扩展框架必须包括风险评价中典型预防措施之外的内容,具体包括以下两方面:

①破坏性事件可能造成的损失取决于事后的恢复过程。

②数字化带来了新世界,并且正在涌现新系统和新服务。例如,根据 IBM 全球服务部的一项调查,2008 年,IT 行业因计划外应用中断恢复不力而遭受的平均收入损失估计为每小时 280 万美元。另一份报告显示,对于运营数据中心的公司来说,平均每分钟的停机成本超过 5000 美元。因此,需要对传统的风险评价和管理方法进行扩展,以便整合恢复过程。

现有研究在这两方面已经做出了努力,特别是在社会技术系统和职业风险领域。例如，将原因、影响和补救措施结合在一起的工作模型，并对该模型中的不确定性进行了处理[200]。为了进一步思考扩展风险评价框架以涵盖事前和事后情景分析的必要性和挑战，本书将从业务连续性和韧性的亲和概念和范式与系统可靠性/可用性和安全性的联系角度进行讨论。

（1）业务连续性

业务连续性被定义为"一个组织在发生破坏性事件后以可接受的水平继续提供产品或服务的能力"[201]。它衡量的是一个组织在受到破坏性事件影响后保持运营状态或快速恢复运营状态的能力。业务连续性管理是一个管理框架，旨在确保任何破坏性事件都不会导致生产或服务活动出现意外、不必要的中断。从这个角度看，它提出了将事故后恢复过程与风险评价的预防性观点相结合的愿景[202]。国际标准化组织（International Organization for Standardization，ISO）将业务连续性管理框架定义为"一种整体管理流程，用于识别组织面临的潜在威胁，以及这些威胁一旦实现可能对业务运营造成的影响，从而为建立组织复原力提供一个框架，使其具备有效应对能力，保障主要利益相关者的利益、声誉、品牌和价值创造活动"[201]。从这一定义中，我们可以清楚地看到可靠性/可用性的视角，以及与韧性概念在安全视角上的联系。

作为一种全面、综合的风险管理战略，业务连续性管理具有巨大的潜在效益，但由于所涉及的系统和风险问题非常复杂，目前大多数现有的业务连续性管理战略都只是基于定性方法，这就限制了实际有效的应用。很少有研究涉及业务连续性的定量建模和分析。Boehmer 等人[203]提出了一种基于过程代数和模态逻辑的方法，对业务连续性过程中的系统行为进行建模。类似的模型也被用于描述一家信用卡公司的业务连续性流程。Asnar 等人[204]建立了一个多层模型，用于模拟贷款发放流程的业务连续性。这些模型描述了系统的危机后行为。然而，这些模型没有提出明确定义的业务指标，妨碍了对业务连续性的定量分析，因此限制了在实践中的应用。

为了促进业务连续性管理在实践中的应用，Zeng 等人[205]开发了一个用于业务连续性建模的综合定量框架，该框架建立在四个衡量标准之上，这些标准衡量破坏性事件造成的潜在损失。他们提出了一种基于模拟的方法，可根据综合模型计算业务连续性指标。为了演示该框架的使用，其对一个储油库的业务连续性进行了评价。描述业务连续性并确定其主要促成因素的概念模型涉及一个性能指标,用流程性能指标——业务表示,其值反映了系统目标的满足程度。例如,对于炼油厂来说,业务流程性能指标是其日产量;对于制造工厂来说,业务流程性能指标是每天生产的产品数量。流程性能指标—业务的值由系统的运行状态决定:当系统正常运行时,业务流程性能指标的值保持在标称值;当系统正常运行受到干扰时,业务流程性能指标的值就会下降。实际上,一个组织很容易受到各种干扰事件的影响,这些事件可能会危及其业务连续性。常见的破坏性事件包括:

①技术中断,由部件或系统故障造成;

②自然灾害造成的中断,如洪水、地震、雷电等;

③社会中断,由社会运动引起,如恐怖袭击、罢工、供应链中断等。

当这些干扰事件中的一个或几个发生时,正常运行会受到干扰,流程性能指标(业务)也会因干扰事件而下降到一个较低的值。生产利益相关者就会因业务中断而蒙受损失。为了减少这种损失,可以采取各种业务连续性措施来保证业务流程的连续性。一般来说,这些措施可分为四类,具体如下。

①保护措施:用于保护系统不受干扰事件的影响,防止干扰事件对系统造成破坏。如果保护措施成功,业务流程就不会中断。

②缓解措施:在保护措施失效和干扰事件造成初步破坏时进行干预。缓解措施的目的是在干扰事件发展的早期阶段控制其发展,从而减轻损害。

③应急措施:在缓解措施无法控制破坏时必须采取,通常需要大量人力干预。

④恢复措施:旨在事后恢复正常运行。

例如,雷电是对石油和天然气系统的严重威胁。通常情况下,油气田会安装一个防雷桅杆,作为应对雷电威胁的保护措施。如果防雷桅杆无法保护系统,储油罐可能会起火,自动灭火系统等缓解措施会自动启动灭火,以防止火势蔓延到其他储油罐,造成多米诺骨牌效应。当缓解措施无法阻止事故蔓延时,就需要采取应急措施,如消防队的干预。最后,采取恢复措施,如修理和恢复受影响的油罐,以恢复运行并将业务中断造成的损失降至最低。

(2)风险韧性评价

韧性是一个与业务连续性密切相关的概念。在这里,它的考虑尤其与事故有关,因此,其特殊性与安全有关,而不是生产的可靠性和可用性,或系统和关键基础设施的其他功能属性。

基于风险的方法已被用于评价危害和减轻与危害影响相关的后果。通过确定各组成部分对整个系统风险的影响，风险评价的结果可以确定系统改进的优先次序，从而降低风险。然而，技术的快速发展加上新出现的危害在性质和程度上前所未有的不确定，使得我们很难描述所有潜在危害的特征，也很难准确估计其发生的概率和后果的严重程度，从而使决策者难以有信心做出降低风险的决策。这对于构成当今重要基础设施的复杂、相互关联的系统来说尤其如此，因此需要扩展风险评价和管理的框架，使这些系统在特定的成本和时间限制内，考虑到巨大的不确定性，抵御各种危害。与风险的概念不同，抗灾能力还侧重于从已知或未知的事故或破坏性事件中做好准备并迅速恢复的能力。因此，韧性管理要求确保系统有能力对可能发生的事故和破坏性事件进行规划和准备，并在发生时进行吸收、恢复和调整。

近年来，从一些灾难性事故中吸取的教训促使人们提出了韧性的概念，以确保系统和关键基础设施有能力抵御、适应破坏性事件的影响并从中迅速恢复[206]。2005 年世界减灾大会的成果证实了"韧性"一词在灾害讨论中的重要性，并催生了一种新的灾害应对文化[207]。因此，今天的系统不仅需要可靠，还必须能够从中断中恢复。政府政策也在不断发展，鼓励在发生破坏性事件后，让资产在一定程度上继续运行或迅速恢复全面运行。因此，韧性如今已被视为系统和关键基础设施的基本属性，应通过设计、运行和管理加以保证。

韧性的概念因学科和应用而有所不同[208,209]，存在多种定义。例如，"系统减少冲击机会、在危害发生时吸收冲击并在危害后快速恢复（重建正常性能）的能力"，"资产、系统或网络在恐怖袭击或其他事件中保持其功能或从恐怖袭击或其他事件中恢复的能力"，"系统在可接受的降级参数范围内综合成本和风险抵御重大破坏并在可接受的时间内恢复的能力"[210]。从这些定义中可以看出，韧性具有四个特性——稳健性、冗余性、资源性和快速性，以及四个相互关联的维度——技术、组织、社会和经济。韧性可以被视为风险工程的一种新范式，主动整合了事故预防任务——预测（想象会发生什么）和监测（知道要注意什么），事故中任务——学习（知道发生了什么）和应对（知道要做什么并有能力去做），减轻任务——吸收（抑制负面影响），以及恢复任务——适应（有意进行调整以度过中断）和恢复（恢复到正常状态）。

虽然韧性可以通过许多系统特征和属性来体现,但恢复是提高韧性战略的一个重要因素。系统恢复及韧性在基础设施系统中的作用已引起了广泛关注。有学者对各种基础设施系统的灾后恢复进行了建模,以估算预期恢复时间[211],还有一些研究对不同恢复策略的性能进行了比较[212]。其他研究还探讨了灾后恢复策略的规划和优化问题,目的是及时有效地恢复系统服务。这些涉及灾后关键基础设施恢复优化的研究采用了多种建模方法,并侧重于恢复策略的不同方面(如受损部件的恢复顺序、恢复资源的分配地点和方式等)。

更笼统地说,复杂系统和关键基础设施的韧性分析不能仅靠传统的系统分解和逻辑分析方法来进行。此外,在描述复杂系统各要素的失效行为及其相互联系和相互作用时,还存在很大的不确定性。因此,需要一个框架来整合多种方法,以便在现有的不确定性条件下,从不同角度(拓扑和功能、静态和动态)审视复杂性问题,具体如下。

①基于系统分析、图论、统计物理学等的结构/拓扑方法:这些方法能够描述复杂系统的连通性,分析其对系统功能、级联故障传播及其恢复(韧性)的影响,并确定因其在系统连通性中的核心作用而必须最稳健控制的系统元素。

②基于系统分析、分层逻辑树、博弈论等的逻辑方法:这些方法能够捕捉复杂系统因随机效应和恶意攻击而运行/失灵的逻辑,并识别导致系统功能丧失的各要素(硬件、软件和人)的故障组合。

③基于传递函数、状态动态建模、输入输出建模和控制理论、代理建模等的现象学/功能方法:这些方法能够捕捉复杂系统中各要素(硬件、软件和人)之间,以及与环境之间相互关联的运行动态,并从中发现系统本身的动态运行。

④流方法:基于系统中发生过程的详细机械模型,此方法能够描述系统运行、监测和控制的物理过程。

这些方法的整合有望全面捕捉复杂系统的不同相关方面[213]。例如,在电网的案例中,结构/拓扑和功率流方法已被对比分析。一些研究对复杂网络理论模型和功率流模型进行了定性比较,找出了两者的异同,并评估了各自的优缺点。此外,Cupac 等人[214]通过大量的比较模拟表明,以网络为中心的模型表现出与更现实的最优功率流模型一致的集合特性。

9.2.3　风险评价的动态监测

在风险评价情景中,组件和系统在运行、老化、失效、维修和更换过程中随时间变化的情况必须加以考虑。为了反映这些变化，需要进行更新，以确保评价反映系统/工厂的当前整体安全状态。这种更新被称为"生存概率风险评价"。

生存概率风险评价是对系统或工厂进行的概率风险评价，并在必要时更新或修改，以反映系统或工厂在其生命周期内的变化。这些变化可以是物理变化（如工厂改造）、操作变化（如程序改进）、组织变化，或因获得操作经验和现场数据而引起的知识变化。更新后的生存概率风险评价反映了系统或工厂当前的设计和运行状态，并以文件的形式记录下来，使模型的每个方面都能与现有的系统或工厂信息、文件或分析假设直接相关[215]。

动态风险评价扩展了生存概率风险评价的概念，其能够根据实时获得的关于部件状态的知识，动态更新对系统风险的评价[215]。动态风险评价能够捕捉系统风险概况随时间变化的行为。

现有的动态风险评价方法大多使用统计数据，即类似系统的事故或险情计数数据，来更新估计的风险指数。在一些文献中，这些统计数据也被称为事故序列前兆数据[216]。仅使用统计数据的缺点在于，必须等到事故或险情（前兆）发生后才能更新风险指数的估计值。而且，统计数据是从类似系统中收集的，反映了群体特征，但不能完全反映目标系统的个体特征。

在动态风险评价中，状态监测数据是对统计数据的有益补充，有助于实现基于状态监测的风险评价。在实践中，事故诱发事件和安全屏障失效通常是退化机制造成的，例如磨损、腐蚀、疲劳、裂纹增长、氧化等。可以实时监测这些退化过程，并根据监测变量的特定阈值预测和预估故障。状态监测数据提供了目标系统和安全屏障各自退化过程的信息，并提供了在实际故障发生前更新可靠性值的机会。

关于这个方面，在动态风险评价中使用状态监测数据已有初步尝试。例如，Zadakbar 等人[217]应用卡尔曼滤波技术从状态监测数据中估计真实的退化状态，并根据与退化状态相关的损失函数进行动态风险评价（或基于状态监测的风险评估）。他们还使用不同的状态监测技术，如粒子过滤技术和主成分分析技术，开展了类似的工作。为了处理非线性和非高斯特征，Yu 等人[218]开发了一种基于自组织图的方法，利用状态监测数据进行基于状态监测的风险评价。

然而，这些现有方法只考虑了状态监测数据，而没有统计故障数据。此外，大多数现有方法在计算风险指数时并未涉及后果分析模型，如事件树、Bow-

Tie、贝叶斯网络等。相反,风险指数是通过考虑退化对性能的影响,直接根据监测到的退化变量进行评价的。

为了提高风险评价的准确性和实用性,需要进一步将状态监测数据与统计故障数据结合起来,并在计算风险指数时纳入后果分析模型。这将使动态风险评价更加全面和精准,从而更好地指导风险管理决策。

9.3 风险传播展望

9.3.1 风险传播的系统规划方法

风险传播作为减少或消除公众对风险的不安全感和恐惧感的一种手段,越来越受到重视。然而,风险传播的效果往往未达到预期,原因在于传播的风险信息产生的效果微乎其微,不足以证明所投入的努力是值得的,有时甚至会引发公众的愤怒或增加他们对风险的不安全感。

风险传播的系统规划方法有助于提高风险沟通的有效性。这意味着在对某一特定风险进行传播时,需要基于经验证据做出深思熟虑的决定,以确定哪些方法有效,哪些无效。这一方法源于其他传播领域的类似方法,如健康教育传播。由于风险发生的背景和环境可能各不相同,因此必须针对每一种需要传播的风险情景,完成系统规划周期的每一个阶段。系统规划方法是一种启发式工具,使风险沟通者能够在经验证据的指导下,在沟通过程中连续做出几项关键决策。

首先,与其他相关行动者群体对话,制订政策计划,为传播战略提供初始动力。传播对解决或减轻特定风险问题的贡献是什么?对现有的风险传播研究进行案头研究和专门的实证研究是充分回答这一问题的必要条件。以往的传播研究可以提供界定传播问题的线索。然而,风险传播工作者往往没有系统地应用在其他沟通环境中获得的知识和经验,给人的印象是他们有时在试图重新发明"轮子"。

为了确定各种潜在目标群体的具体需求,需要进行经验性风险认知研究。这些研究应探索受众的信息需求、知识水平、认知模式、观点,以及与风险传播问题相关的行为决定因素。风险认知是广义的,并不局限于个人的主观风险判断。我们认为,主观风险认知是一种多维现象,应通过多种方式对其进行测量。

因此,诊断研究必须探究与当前风险问题相关的不同类型的认知、知识、情感反应和行为意向。然后,根据新获得的洞察力设计传播计划,突出有关信息来源、信息内容、传播媒介等方面的决策。在这一阶段,对风险沟通进行小规模的预先测试至关重要,例如,通过焦点小组或公民咨询委员会进行测试。接下来是全面实施传播计划,并通过评估研究监测传播的影响,找出在规划过程的前几个阶段所做的决定可能需要进行哪些调整。

以往的研究尝试有时会产生一些旨在提高沟通技巧的一般性指南或规则[219]。那些倾向于技术观点并认为风险沟通是一个教育过程的人,建议清晰表达、有同情心,并避免使用行话;那些倾向于风险传播民主观点的人则建议接受公众为合法伙伴,倾听公众的具体关切[220]。Rowan[220]指出,风险沟通者应遵守的唯一规则是"真诚",这是确保可信度和信任度的唯一途径。风险沟通者不仅应该被认为是真诚的,还应真正做到真诚,这种品质甚至应延伸到他们的个人生活中。这些规则虽有用,但只能解决风险传播者面临的少数问题。

这些准则并不能使风险传播者更好地理解其沟通成功或失败的原因。因此,即使风险传播者严格按照这些规则和准则行事,风险传播也可能失败。如果对当前的风险问题没有真正地了解,传播的成败更有可能是巧合,而不是沟通者的干预。风险传播者无法完全控制沟通过程,因此必须对风险问题进行深入了解。系统规划风险传播方法的精髓在于对风险问题决定因素的洞察,有助于减少沟通中的偶然性,提高传播成功的概率。

即使风险传播者按照系统规划的方法开展工作,他们仍需面对公众对风险问题持保留或批判态度的现实。近年来,新闻媒体提供了越来越多关于环境恶化、健康和安全隐患的信息,使公众意识到技术发展和经济增长带来的负面影响。根据"风险社会放大框架"(Social Amplification of Risk Framework),公众的这种认知甚至可能在其他领域产生次生的经济、社会或政治后果。公众可能指责政府和私营部门,并对其提供的风险信息持怀疑态度,因为他们觉得这些信息来源不可信,认为其试图操纵他们接受某些风险水平。

为了消除接收者对操纵的怀疑,风险沟通者应首先遵循 Rowan 的"真诚"原则,确保没有任何操纵意图。此外,风险沟通者应采取一系列保障措施,以进行充分的风险传播。接收者对这些保障措施的认识将提高其对传播者的信任度，最终促成更有效的风险传播。这些保障措施包括以下五项。

①传播目的和意图：在风险信息中清楚说明传播的目的和传播者的意图。

②信息准确性：风险信息不得具有误导性，可根据最新的科学水平进行核实。传播者必须能够证明其风险主张的正确性。

③科学疑点透明化：如果存在科学疑点，应让公众了解这些疑点。

④信息完整性：风险信息必须完整，尤其不能删除任何相关信息。

⑤谨慎使用风险比较：特别是在使用数字或统计信息时，必须小心谨慎。

在风险传播实践中，信息的双面性也是一个相关方面。对活动、行为和技术的主观评价部分基于对其利弊的权衡。在风险传播中，传播者往往会集中精力告知活动、行为或技术的不利方面，以增强人们的风险意识，促使他们采取减少风险的行动（如佩戴安全带等）。在其他情景下，传播者可能旨在降低公众的风险意识（如垃圾填埋或化学工业的责任关怀计划）。私营部门为了重新赢得公众的信任，可能倾向于突出有利方面，忽视不利方面。然而，公众很可能知道这些不利的一面，因此片面的宣传可能被认为具有误导性或不完整性。如果传播者尽可能传递双面信息，承认特定情况的有利和不利方面，那么风险传播的接受度就会提高。

系统地应用这些保障措施不仅有助于解决受众道德方面的疑虑，还能提高风险传播的实效性。当接收者恢复对风险传播者的信任时，充分的风险传播将变得更有可能。

9.3.2 风险传播的未来之路

在系统规划风险传播的各个阶段，研究都是至关重要的，例如对风险认知和风险缓解行为的决定因素进行诊断性研究，或对风险传播过程进行评价。近年来，研究工作为人类对威胁情况或警告的反应提供了一个相当准确的视角，并为各种风险确定了决定这些反应的因素。然而，未来的风险情景与现有的风险从来都不是完全可比的，而且未来风险发生的背景也可能不同。因此，继续探索风险认知和风险缓解行为背后的心理因素，对于风险传播的进一步发展仍然极为重要。在应对危险情景时，必须特别关注自我效能与个人控制概念的相关性。早期的实证研究强调了这一因素对理解风险意识和风险缓解行为的重要意义。

在风险传播的发展过程中，评价研究有助于预测风险信息和手段，或事后评价风险传播的影响。必须指出的是，有关风险传播的实证研究报告寥寥无几。因此，我们对风险传播的理解还很不全面，存在一些盲点。风险传播来源和风险信息方面缺乏可靠的经验基础。研究的数量明显落后于发展以研究为基础的、因而也是更充分的风险传播实践所需的数量。Morgan 等人[221]认为在风险传播方面我们不能再依靠直觉了。如果我们想以专业的方式进行风险传播，并在今后几年将其发展为一种有助于预防、解决或减轻风险社会后果的工具，就必须在国际范围内加大研究力度，特别是那些以实验为重点的研究。各国政府和私营部门必须增加对这类研究的资助。遗憾的是，许多国家的情况似乎朝着另一个方向发展。一些国家的可用资源历来有限，而另一些国家则因削减预算而无法为有前途的研究项目提供资金[222]。

显而易见，恢复人们对不被看好组织的信心，提高他们作为信息来源的可信度，不仅是一个优化风险沟通的问题，还是一个影响深远的社会问题，不是一朝一夕就能解决的。政府、私营部门和科学界都必须付出更多的努力来解决风险问题，让公众满意。如果不能成功地做到这一点，那么风险传播就可能导致与公众的关系进一步恶化。不被看好的组织是其他社会参与者（如特殊利益集团、新闻媒体）关注的焦点，他们会毫不犹豫地揭露不受欢迎的活动。因此，为了澄清事实，这些其他行为者必须能够看到令人满意的信息变化。对这些组织而言，仅仅口头承认新的风险政策是不够的，特别是组织的活动必须体现出这一点。沟通有助于让公众了解政策的变化，从长远来看，也有助于改善组织与公众的关系。在世界范围内，化学工业已经开始了这样的进程，他们采用了所谓的"负责任的关怀"计划，其中的一些沟通活动旨在改善这一工业分支与周边国家之间的关系问题，今后的研究工作必须明确这些活动是否达到了预期目标。

关于信息，传播文献提供了几乎无穷无尽的相关因素。然而，研究表明，只有少数因素与风险传播信息的内容和结构相关，还需要进一步总结研究。一个重要的内容问题是复杂信息的应用，如风险比较中的数字或统计信息。正如本书前面章节所描述的，对于常见的低概率风险，几乎没有迹象表明风险认知会受到数字信息的影响。风险信息中加入数字信息并不会对风险认知产生系统性的影响。风险比较似乎能提供更好的视角，特别是使用风险矩阵等定性风险评价的图形辅助工具进行风险比较似乎很有前景[223]。然而,图形辅助工具和风险比较在所有情景下都能成为合适的风险传播工具,这并不是一个必然的结论。风险矩阵研究确实表明,对风险的感知有相当系统的影响。但是,没有发现对采取风险缓解行动的意向有系统的影响。因此,在这个有趣的领域还有更多的工作要做。

传播的基本原则是根据接收者的需求定制信息,包括三个方面:第一,信息最好是对接收者相关问题的回答,而不是试图回答无关问题或从未问过的问题。此外,信息必须易于理解,不能造成更多的混乱。第二,"心理模型方法"为根据接收者的需求调整风险信息提供了重要的推动力[224,225]。根据心理模型方法,信息接收者需要掌握有关暴露、影响和缓解过程的基本知识,以便对危险过程做出明智的决定。此外,还假定利用现有的信念来解释和处理新信息。第三,新信息应充分展示,即采用适当的文本结构,并通过章节标题等文本辅助工具加以强化。要做到有效地沟通,风险信息需要对接收者心智模式进行补充。换言之,它应增加相关的认知要素,并挑战错误的观念。系统规划方法源于风险的心理学和社会学理论,其中也确定了对风险的其他反应类型,如态度、风险感知、控制感知、情感反应和行为。心理模型方法为研究风险传播中的这些反应提供了一种有趣而有前途的方法。

最后,必须指出的是,传播媒体领域的技术发展一直在加速。第二次电子革命的媒体,即新媒体或互动媒体,从根本上转向了双向甚至多向传播,由于声音、文字和图像的整合,传播的内容可能更加丰富。这些发展对风险传播也很重要,因为从集中提供标准化信息(主要是分配功能)转向了由风险传播接收者决定问题、时间点和速度的信息传递过程。在不久的将来,人们可能会对这些新媒体的社会后果进行研究,并盘点其对风险传播的利弊。也许再过几年,新媒体对风险传播研究产生什么样的影响就会一目了然。

结语

风险管理无疑是一个复杂而多层次的领域，涵盖了从评价风险到有效沟通风险的整个过程。在探索的过程中，本书不仅揭示了各种风险评价技术与传播策略的细节，还讨论了这些技术与策略在实际应用中的重要性。本书的最终目标是为公共卫生、环境和安全领域的专业人员提供一个全面而实用的工具，以便他们能够更好地识别、评价和传播各种风险。

1. 从理论到实践

在本书中，我们详细探讨了定量和定性风险评价的方法。通过概率风险评价和定量风险评价，我们了解了如何利用数据和统计模型预测和衡量潜在事件的发生概率及后果。概率风险评价方法为我们提供了一种科学的手段，利用公式、概率表和概率树等工具，帮助我们在面对复杂的不确定性时，做出更加合理的判断和决策。例如，通过概率树方法，我们能够系统地分解和分析事件发生的不同路径，从而更好地理解和管理这些风险。

定量风险评价则进一步深入到具体的数字分析中，评估长期暴露于特定环境或物质中的风险。这种方法结合了统计学、工程学、物理学、化学和生物学等多个学科的知识，为我们提供了一种全面的风险评价工具。例如，通过定量风险评价，我们可以评估一个人长期暴露于空气污染物中的健康风险，有助于制定更加科学的环境保护政策。

然而，风险评价不仅依赖于数据和数学模型。定性风险评价方法同样重要，尤其是在数据不足或不确定性较大的情况下。定性方法，如失效模式与效应分析、故障树分析和危险与可操作性分析,提供了一种更具灵活性和适应性的方式来处理复杂的风险情景。这些方法通过结构化的分析和专家评估,帮助我们识别和管理那些难以量化的风险。例如,在食品安全领域,危害分析与关键控制点计划已经成为全球公认的食品安全管理标准,通过系统地识别和控制食品生产过程中可能的危害,确保食品的安全性。

2. 风险评价的动态监测与预警

随着技术的发展,动态监测和预警系统在风险评价中扮演着越来越重要的角色。实时数据和监测技术使我们能够更早地识别潜在风险,并采取预防措施。生存概率风险评价和基于状态监测的动态风险评价方法,提供了一种更为精准的风险评估方式,使我们能够更好地应对变化和不确定性。

通过模拟仿真技术,我们可以在虚拟环境中测试和优化风险管理策略,从而减少实际操作中的不确定性和风险。仿真技术的进步,如并行计算和云计算,使得复杂系统的模拟成为可能,从而提高了风险评估的准确性和可靠性。例如,通过模拟仿真技术,我们可以预测和分析不同气候变化情景下的环境风险,帮助制定更加有效的环境保护措施。

动态监测与预警系统在自然灾害、工业事故和公共卫生事件中的应用,已经取得了显著的成效。例如,通过实时监测地震、洪水和台风等自然灾害的发生和发展,我们可以提前发布预警信息,指导公众和相关部门采取预防措施,减少灾害的影响。同样,在工业生产中,通过对设备运行状态的实时监测,我们可以及时发现和处理潜在故障,避免重大事故的发生。在公共卫生领域,通过对传染病的监测和预警,我们可以及时采取防控措施,控制疫情的扩散。

3. 风险传播的挑战与策略

风险传播是风险管理中不可或缺的一部分。在本书中,我们探讨了如何将复杂的风险信息传达给公众和其他利益相关者,确保信息的准确性和透明度。

通过 IDEA（Internalization，Distribution，Explanation，Action）模式和 CERC（Crisis and Emergency Risk Communication）模型，我们了解了在危机和紧急情况下，如何快速有效地传递信息，以减少恐慌和误解。例如，在自然灾害发生时，及时而准确的风险传播可以帮助公众更好地应对危机，减少人员伤亡和财产损失。

成功的风险传播不仅需要准确的信息，还需要理解和尊重公众的认知和情感反应。透明性、公信力和及时性是风险传播的关键元素。在书中，我们讨论了媒体在风险传播中的角色，媒体的影响力既可以放大风险，也可以在适当的引导下帮助公众正确理解风险。例如，通过与媒体建立良好的合作关系，风险传播者可以更有效地传递重要信息，帮助公众理解和接受风险管理措施。

同时，我们还探讨了在风险传播过程中可能面临的挑战，如信息的不对称、公众的信任危机及文化差异等。为了克服这些挑战，风险传播者需要采用多种策略，包括制订明确的传播计划、开展公众参与和教育活动、使用多种传播渠道等。例如，通过组织社区会议、开展科普活动和利用社交媒体平台，风险传播者可以更广泛地接触到不同的公众群体，提高风险传播的效果。

风险传播的有效实施也离不开专业人员的教育和培训。在本书中，我们强调了风险管理教育和培训的重要性，介绍了多种教育培训的方法和途径。例如，通过举办风险管理专题讲座和培训班，可以帮助专业人员了解和掌握最新的风险管理知识和技术。模拟演练和案例分析，可以提高专业人员的实战能力，增强他们应对复杂风险情景的能力。风险管理的教育和培训不仅适用于专业人员，也适用于公众和相关利益方。例如，开展公众教育和宣传活动，可以提高公众的风险意识和自我保护能力，促进公众对风险管理的理解和支持。同样，通过与相关利益方的沟通和合作，可以提高风险管理的透明度和公信力，增强风险管理的效果。

此外，有效的风险传播同样离不开科学的政策和法规的支持。在本书中，我们讨论了多个领域的风险管理政策和法规，介绍了国内外的成功案例和经验。例如，在食品安全领域，制定和实施危害分析与关键控制点计划，确保食品生产过程中可能的危害得到有效控制，保障食品的安全性。

在环境风险管理领域，制定和实施环境保护政策和法规，可以有效控制污染源，保护生态环境。例如，实行环境影响评价制度，可以评估和预测建设项目对环境的影响,采取相应的防控措施,减少环境污染和破坏。

在公共卫生风险管理领域,制定和实施传染病防控政策和法规,可以有效控制疫情的传播和扩散。例如,实行强制隔离、疫苗接种和公共卫生宣传等措施,可以控制传染病的传播,保护公众健康。

政策和法规的制定与实施需要广泛的公众参与和科学的决策支持。在风险传播过程中,我们需要加强与政府、企业、学术界和公众的合作,共同制定和实施科学的风险管理政策和法规,推动风险管理的持续改进和发展。

4. 未来之路

风险管理领域正面临前所未有的挑战,包括气候变化、数字化转型和全球化带来的新风险。这些变化加强了风险的复杂性,要求我们不断更新和改进风险评价方法,需要更加注重系统的韧性和业务连续性管理,确保在面对突发事件时,系统能够快速恢复和继续运行。

气候变化带来的极端天气事件,如洪水、干旱和飓风,正对全球的基础设施和社会系统构成严重威胁。为了应对这些挑战,我们需要开发和应用更加先进的气候模型和风险评价工具,帮助决策者制定科学的应对策略。同时,我们还需要加强国际合作,共同应对全球气候变化带来的风险。

数字化转型和信息技术的发展,虽然为我们提供了新的风险评价工具和方法,但也带来了网络安全和数据隐私等新的风险。例如,随着物联网和智能设备的普及,网络攻击的风险也在增加。为了保护关键基础设施和个人隐私,我们需要加强网络安全防范,制定相关法律法规,规范数据的收集和使用。

全球化带来的风险评价挑战同样不容忽视。例如,全球供应链的复杂性和相互依赖性,使得任何一个环节出现问题,都可能对整个供应链产生重大影响。为了提高供应链的韧性,我们需要加强供应链的风险管理,建立多元化和灵活的供应链网络,减少对单一供应商和地区的依赖。

此外,风险评价方法的创新和发展离不开技术的进步和科学研究的推动。在本书中,我们讨论了多个创新技术在风险评价中的应用,如大数据分析、人工智能和区块链技术等。这些技术不仅提升了风险评价的准确性和效率,也为我们提供了新的风险管理工具和方法。例如，大数据分析技术可以帮助我们从海量数据中挖掘出有价值的信息，用于风险评价和决策支持。通过对历史数据的分析，我们可以识别出潜在的风险因素，预测风险事件的发生概率和影响程度，从而制定更加科学的风险管理策略。同样，人工智能技术可以用于自动化风险监测和预警系统，帮助我们实时监测和分析风险数据，及时发现和处理潜在的风险。区块链技术在风险管理中的应用也具有很大的潜力。例如，通过区块链技术，我们可以建立一个透明、安全和不可篡改的风险数据管理系统，确保风险数据的真实性和完整性。这对于金融、医疗和供应链等领域的风险管理尤为重要。

综上所述，风险管理是一个复杂而多层次的过程，涵盖了从风险评价、传播和应对的各个方面。在本书中，我们系统地介绍了风险评价与传播的基本理论、方法和技术，提供了丰富的案例和实用的工具，希望能为公共卫生、环境和安全领域的专业人员提供有价值的参考，帮助他们更好地应对各种风险挑战，保护公众的健康和安全，维护生态环境的可持续性。

在此，衷心感谢所有读者的支持和反馈，并期待在未来的工作中继续探索和创新，共同推进风险评价与传播领域的发展。风险评价与传播的未来充满挑战，但也充满希望。我们相信，通过共同努力，我们一定能够建立一个更加安全、健康和可持续的未来。

参考文献

[1]JAMMALAMADAKA S R, BERNSTEIN P L. Against the gods: the remarkable story of risk[J]. The American Statistician,1999,53(2):171.

[2]刘杨华,敖红光,冯玉杰,等.环境风险评价研究进展[J].环境科学与管理, 2011(8):159-163.

[3]包金玉.定量和定性风险评价方法分析(英文)[J].大连海事大学学报, 2008(S2):5-8.

[4]AVEN T, ZIO E. Foundational issues in risk assessment and risk management [J]. Risk Analysis,2014(7):1164-1172.

[5]MARTIN R L. The opposable mind: winning through integrative thinking[M]. Boston, Mass: Harvard Business Press,2009.

[6]HANSSON S O, AVEN T. Is risk analysis scientific? [J]. Risk Analysis, 2014(7):1173-1183.

[7]HOLLNAGEL E. Is safety a subject for science? [J]. Safety Science,2014, 67:21-24.

[8]HALE A. Foundations of safety science: a postscript[J]. Safety Science, 2014,67:64-69.

[9]LE COZE J C, PETTERSEN K, REIMAN T. The foundations of safety science [J]. Safety Science,2014,67:1-5.

[10]AVEN T. What is safety science? [J]. Safety Science,2014,67:15-20.

[11]HANSSON S O. Reflecting on the future[M]//HANSSON S O. The ethics of risk. London: Palgrave Macmillan UK,2013:61-73.

[12]HECKMANN I, COMES T, NICKEL S. A critical review on supply chain

risk-definition, measure and modeling[J]. Omega,2015,52:119 – 132.

[13]AVEN T, RENN O. An evaluation of the treatment of risk and uncertainties in the IPCC reports on climate change[J]. Risk Analysis,2015(4):701 – 712.

[14]HERTZ D B, THOMAS H. Risk analysis and its applications[M]. New York:Wiley,1983.

[15]AVEN T. Quantitative risk assessment: the scientific platform[M]. New York: Cambridge University Press,2011.

[16]CUMMING R B. Is risk assessment a science? [J]. Risk Analysis,1981 (1):1 – 3.

[17]WEINBERG A M. Reflections on risk assessment[J]. Risk Analysis,1981 (1):5 – 7.

[18]丁友刚,胡兴国. 内部控制、风险控制与风险管理——基于组织目标的概念解说与思想演进[J]. 会计研究,2007(12):51 – 54.

[19]THOMPSON K M, DEISLER P F, SCHWING R C. Interdisciplinary vision: the first 25 years of the society for risk analysis (SRA), 1980—2005[J]. Risk Analysis,2005(6):1333 – 1386.

[20]AVEN T. Uncertainty in risk assessment: the representation and treatment of uncertainties by probabilistic and non-probabilistic methods[M]. Chichester, West Sussex,UK:Wiley,2014.

[21]AVEN T. The risk concept-historical and recent development trends[J]. Reliability Engineering & System Safety,2012,99:33 – 44.

[22]KAPLAN S, GARRICK B J. On the quantitative definition of risk[J]. Risk Analysis,1981(1):11 – 27.

[23]FLAGE R, AVEN T, ZIO E, et al. Concerns, challenges, and directions of development for the issue of representing uncertainty in risk assessment[J]. Risk Analysis,2014(7):1196 – 1207.

[24]周忠宝,周经伦,金光,等. 基于贝叶斯网络的概率安全评估方法研究[J]. 系统工程学报,2006(6):636 – 643 + 667.

[25]燕彩蓉,张青龙,赵雪,等. 基于广义高斯分布的贝叶斯概率矩阵分解方法 [J]. 计算机研究与发展,2016(12):2793 – 2800.

［26］AVEN T. On the need for restricting the probabilistic analysis in risk assessments to variability［J］. Risk Analysis,2010(3):354 – 360.

［27］AVEN T, RENIERS G. How to define and interpret a probability in a risk and safety setting［J］. Safety Science,2013(1):223 –231.

［28］LIU S J, LI J, WU D, et al. Risk communication in multistakeholder engagement:a novel spatial econometric model［J］. Risk Analysis,2024(1):87 – 107.

［29］施烈焰,曹云者,张景来,等. RBCA 和 CLEA 模型在某重金属污染场地环境风险评价中的应用比较［J］.环境科学研究,2009(2):241 – 247.

［30］XU X L, LIN Y Z, LIU S J, et al. Pollution risk transfer in cross-border tourism:the role of disembodied technology communications in a spatial hyperbolic model［J］. Current Issues in Tourism,2023,26(15):2405 – 2424.

［31］赖成光,陈晓宏,赵仕威,等.基于随机森林的洪灾风险评价模型及其应用［J］.水利学报,2015(1):58 – 66.

［32］阎红巧,陈怡玥,田琨,等.企业安全生产关键指标体系与风险评价模型［J］.中国安全科学学报,2021(9):21 – 28.

［33］刘宏,唐禹夏,程宇和.基于风险管理方法的危险源评价分级研究［J］.中国安全科学学报,2007(6):145 – 150.

［34］曲常胜,毕军,葛怡,等.基于风险系统理论的区域环境风险优化管理［J］.环境科学与技术,2009(11):167 – 170.

［35］曹希寿.区域环境系统的风险评价与风险管理的综述［J］.环境科学研究,1991(2):55 – 58.

［36］LEITCH M. ISO 31000:2009—the new international standard on risk management［J］. Risk Analysis,2010(6):887 – 892.

［37］童星.论风险灾害危机管理的跨学科研究［J］.学海,2016(2):94 – 99.

［38］樊纲.经济全球化的挑战:如何规避全球化带来的风险和危害［J］.国际金融研究,1998(10):8 – 10.

［39］DOLL R, HILL A B. Smoking and carcinoma of the lung［J］. BMJ,1950,2(4682):739 – 748.

［40］DOLL R, HILL A B. The mortality of doctors in relation to their smoking habits[J]. BMJ,1954(4877):1451 – 1455.

[41]梁世栋,郭仌,李勇,等.信用风险模型比较分析[J].中国管理科学,2002 (1):17 – 22.

[42] WILSON R, CROUCH E A C. Risk assessment and comparisons: an introduction[J]. Science,1987(4799):267 – 270.

[43]余红星,武铃珺,邓纯锐,等.概率安全评价在核能安全分析领域的应用和发展[J].核动力工程,2020(6):1 – 7.

[44]郑辉.铁路货运量预测风险分析及概率树评价法的应用[J].铁道货运, 2011(3):11 – 14.

[45]崔佳旭,杨博.贝叶斯优化方法和应用综述[J].软件学报,2018(10):3068 – 3090.

[46]王海鹰,贾乐华,吴仁人,等.特异性拟杆菌引物在珠江三角洲的适应性研究[J].中国环境科学,2014(8):2118 – 2125.

[47]刘铁民.低概率重大事故风险与定量风险评价[J].安全与环境学报,2004 (2):89 – 91.

[48]代利明,陈玉明.几种常用定量风险评价方法的比较[J].安全与环境工程,2006(4):95 – 98.

[49] CARUSO M A, CHEOK M C, CUNNINGHAM M A, et al. An approach for using risk assessment in risk-informed decisions on plant-specific changes to the licensing basis[J]. Reliability Engineering & System Safety, 1999(3): 231 – 242.

[50] WHEATLEY S, SOVACOOL B, SORNETTE D. Of disasters and dragon kings: a statistical analysis of nuclear power incidents and accidents[J]. Risk Analysis,2017(1):99 – 115.

[51] EISENBERG N A, LEE M P, MCCARTIN T J, et al. Development of a performance assessment capability in the waste management programs of the U.S. nuclear regulatory commission[J]. Risk Analysis,1999(5):847 – 876.

[52] BUDNITZ R J, APOSTOLAKIS G, BOORE D M, et al. Use of technical expert panels: applications to probabilistic seismic hazard analysis[J]. Risk Analysis,1998(4):463 – 469.

［53］DOULL J. The Red Book and other risk assessment milestones［J］. Human and Ecological Risk Assessment: An International Journal,2003(5):1229 - 1238.

［54］KIM J, LEE Y, YANG M. Environmental exposure to Lead (Pb) and variations in Its susceptibility［J］. Journal of Environmental Science and Health, Part C,2014(2):159 - 185.

［55］VALLERO D A. Environmental biotechnology: a biosystems approach［M］. Boston,MA:Elsevier,2010.

［56］KEENAN R E, FINLEY B L, PRICE P S. Exposure assessment: then, now, and quantum leaps in the future［J］. Risk Analysis,1994(3):225 - 230.

［57］TRAVIS C C, HESTER S T. Background exposure to chemicals: what is the risk? ［J］. Risk Analysis,1990(4):463 - 466.

［58］THOMPSON K M, BURMASTER D E, CROUCH E A C. Monte Carlo techniques for quantitative uncertainty analysis in public health risk assessments［J］. Risk Analysis,1992(1):53 - 63.

［59］EVANS J S, GRAHAM J D, GRAY G M, et al. A distributional approach to characterizing low-dose cancer risk［J］. Risk Analysis,1994(1):25 - 34.

［60］CHEASLEY R, KELLER C P, SETTON E. Lifetime excess cancer risk due to carcinogens in food and beverages: urban versus rural differences in Canada ［J］. Canadian Journal of Public Health,2017(3):288 - 295.

［61］BOLLAERTS K, AERTS M, FAES C, et al. Human salmonellosis: estimation of dose-illness from outbreak data［J］. Risk Analysis,2008(2):427 - 440.

［62］XIE G. A novel Monte Carlo simulation procedure for modelling COVID-19 spread over time［J］. Scientific Reports,2020(1):1 - 9.

［63］QIN P, CAO F, LU S, et al. Occurrence and health risk assessment of volatile organic compounds in the surface water of Poyang Lake in march 2017 ［J］. RSC Advances,2019(39):22609 - 22617.

［64］孙强. 信息安全风险评估模型的定性与定量对比研究［J］. 微电子学与计算机,2010(6):92 - 96.

［65］朱启超,匡兴华,沈永平. 风险矩阵方法与应用述评［J］. 中国工程科学,

2003(1):89 - 94.

[66]陈政平,付桂翠,赵幼虎.改进的风险优先数(RPN)分析方法[J].北京航空航天大学学报,2011(11):1395 - 1399.

[67]成伯清."风险社会"视角下的社会问题[J].南京大学学报(哲学.人文科学.社会科学版),2007(2):129 - 135.

[68]唐爱国,胡春华.模糊理论在软件项目风险评估中的应用[J].中南大学学报(自然科学版),2017(2):411 - 417.

[69]刘晓晖,王永,董文平,等.流域尺度水环境污染风险评估[J].科技导报,2016(7):134 - 138.

[70]雷炳莉,黄圣彪,王子健.生态风险评价理论和方法[J].化学进展,2009(Z1):350 - 358.

[71]刘新立,史培军.区域水灾风险评估模型研究的理论与实践[J].自然灾害学报,2001(2):66 - 72.

[72]GALLAGHER E, KELLY L, WOOLDRIDGE M, et al. Estimating the risk of importation of foot-and-mouth disease into Europe[J]. Veterinary Record, 2002(25):769 - 772.

[73]屈金坡,孟军良,齐朝鹏.预先危险分析方法在常峪铁矿的应用[J].矿冶工程,2015(4):24 - 26.

[74]乡志忠,郭珊,李淑萍,等.运用医疗失效模式与效应分析方法降低手术流程的风险[J].中国医院管理,2009(1):23 - 25.

[75]王广彦,马志军,胡起伟.基于贝叶斯网络的故障树分析[J].系统工程理论与实践,2004(6):78 - 83.

[76]丁涛,林镇创,王帆,等.基于管理疏忽与风险树的航运事故案例分析[J].重庆交通大学学报(自然科学版),2020(10):37 - 42 + 48.

[77]孙文勇,许芝瑞,邓德利,等.工艺安全管理系统中的工艺危害分析方法比较[J].中国安全生产科学技术,2011(11):115 - 120.

[78]SCHAFFNER D W, DOYLE M P. Microbial risk analysis of foods[M]. USA:ASM Press,2007.

[79]COM. White Paper on food safety[R]. Brussels:European Commission,2000.

［80］USDHHS. Healthy people 2010: understanding and improving health［R］. Washington, DC. : Department of Health and Human Services,2000.

［81］SURYANI D, RUSTIAWAN A, JANNAH A A. Factors associated with food safety practices (FSP) among visitors in the Depok Beach Area in Yogyakarta, Indonesia［J］. Public Health of Indonesia,2023(3):105 – 112.

［82］POWELL D A, JACOB C J, CHAPMAN B J. Enhancing food safety culture to reduce rates of foodborne illness［J］. Food Control,2011(6):817 – 822.

［83］VEGGELAND F, BORGEN S O. Negotiating international food standards: the World Trade Organization's impact on the Codex Alimentarius Commission［J］. Governance,2005(4):675 – 708.

［84］HOLLAND D, POPE H. EU food law and policy［M］. The Hague: Kluwer Law International,2004.

［85］TRIENEKENS J, ZUURBIER P. Quality and safety standards in the food industry, developments and challenges［J］. International Journal of Production Economics,2008(1):107 – 122.

［86］PREVITI A, VICARI D, CONTE F, et al. The "Hygiene Package": analysis of fraud rates in Italy in the period before and after its entry into force［J］. Foods, 2022(9):1 – 14.

［87］UNNEVEHR L. Food safety in developing countries: moving beyond exports ［J］. Global Food Security,2015,4:24 – 29.

［88］CORLETT D A. HACCP user's manual［M］. Gaithersburg: Aspen Publisher, 1998.

［89］HOGUE A T, WHITE P L, HEMINOVER J A. Pathogen reduction and hazard analysis and critical control point (HACCP) systems for meat and poultry［J］. Veterinary Clinics of North America: Food Animal Practice,1998 (1):151 – 164.

［90］LIANOU A, SOFOS J N. Interventions for hazard control in retail-handled ready-to-eat foods［M］//JUNEJA V K, SOFOS J N. Pathogens and Toxins in Foods. Washington, DC, USA: ASM Press,2014:411 – 435.

[91] MINOR T, PARRETT M. The economic impact of the food and drug administration's final juice HACCP rule[J]. Food Policy, 2017, 68: 206 – 213.

[92] HATT K, HATT K. Neoliberalizing food safety and the 2008 Canadian listeriosis outbreak[J]. Agriculture and Human Values, 2012(1):17 – 28.

[93] VERDURE C. The (EC) regulation on microbiological criteria: a general overview[J]. European Food and Feed Law Review, 2008(3):172 – 177.

[94] 秦雨露,孙晓红,朱平,等. 食品安全追溯应用进展与社会共治模式研究[J]. 食品安全质量检测学报,2020(4):1288 – 1295.

[95] MORTIMORE S. How to make HACCP really work in practice[J]. Food Control, 2001(4):209 – 215.

[96] MORTIMORE S, WALLACE C. HACCP: a practical approach[M]. Boston: Springer US, 2013.

[97] HULEBAK K L, SCHLOSSER W. Hazard analysis and critical control point (HACCP) history and conceptual overview[J]. Risk Analysis, 2002(3): 547 – 552.

[98] QUINN B P, MARRIOTT N G. HACCP plan development and assessment: a review[J]. Journal of Muscle Foods, 2002(4):313 – 330.

[99] ABABOUCH L. The role of government agencies in assessing HACCP[J]. Food Control, 2000(2):137 – 142.

[100] KVENBERG J, STOLFA P, STRINGFELLOW D, et al. HACCP development and regulatory assessment in the United States of America[J]. Food Control, 2000(5):387 – 401.

[101] LUPIN H M. Internal auditing of HACCP-based systems in the fishery industry[J]. Infofish International, 2000(4):56 – 64.

[102] GOMBAS D E. HACCP implementation by the meat and poultry industry: a survey[J]. Dairy, Food and Environmental Sanitation, 1998, 18:288 – 293.

[103] CERF O, DONNAT E. Application of hazard analysis-critical control point (HACCP) principles to primary production: what is feasible and desirable?

［J］. Food Control,2011(12):1839 – 1843.

［104］HANCE B J, CHESS C, SANDMAN P M. Setting a context for explaining risk［J］. Risk Analysis,1989(1):113 – 117.

［105］FISCHHOFF B. Risk perception and communication unplugged: twenty years of process［J］. Risk Analysis,1995(2):137 – 145.

［106］SHANNON C E. A mathematical theory of communication［J］. Bell System Technical Journal,1948(3):379 – 423.

［107］SANDMAN P M. Responding to community outrage: strategies for effective risk communication［M］. Fairfax: American Industrial Hygiene Association,1993.

［108］LEISS W, POWELL D A. Mad cows and mother's milk: the perils of poor risk communication［M］. Montreal: McGill-Queen's University Press,2004.

［109］SLOVIC P. Perception of risk［J］. Science,1987(4799):280 – 285.

［110］WACHINGER G, RENN O, BEGG C, et al. The risk perception paradox—implications for governance and communication of natural hazards［J］. Risk Analysis, 2013(6):1049 – 1065.

［111］SANDMAN P M, MILLER P M, JOHNSON B B, et al. Agency communication, community outrage, and perception of risk: three simulation experiments［J］. Risk Analysis,1993(6):585 – 598.

［112］STARR C. Social benefit versus technological risk: what is our society willing to pay for safety? ［J］. Science,1969(3899):1232 – 1238.

［113］JOHANSEN W, AGGERHOLM H K, FRANDSEN F. Entering new territory: a study of internal crisis management and crisis communication in organizations［J］. Public Relations Review,2012(2):270 – 279.

［114］REYNOLDS B, W. SEEGER M. Crisis and emergency risk communication as an integrative model［J］. Journal of Health Communication,2005(1):43 – 55.

［115］SEEGER M W, SELLNOW T L, ULMER R R. Communication, organization, and crisis［J］. Annals of the International Communication Association,1998(1):231 – 276.

[116] FISCHHOFF B. Communicating foodborne disease risk [J]. Emerging Infectious Diseases,1997(4):489 −495.

[117] COVELLO V T. Risk communication: an emerging area of health communication research [J]. Annals of the International Communication Association,1992(1):359 −373.

[118] WITTE K, MEYER G, MARTELL D P. Effective health risk messages: a step-by-step guide[M]. Thousand Oaks, California: Sage Publications,2001.

[119] WILCOX D L, CAMERON G T, REBER B H. Public relations: strategies and tactics[M]. Eleventh edition. Boston: Pearson,2015.

[120] FEARN-BANKS K. Crisis communications: a casebook approach[M]. New York: Routledge,2016.

[121] MILETI D S, SORENSEN J H. Communication of emergency public warnings: a social science perspective and state-of-the-art assessment: ORNL-6609, 6137387[R]. 1990.

[122] LUNDGREN R E, MCMAKIN A H. Risk communication: a handbook for communicating environmental, safety, and health risks[M]. New Jersey: IEEE Press,2018.

[123] SEEGER M W. Chaos and crisis: propositions for a general theory of crisis communication[J]. Public Relations Review,2002(4):329 −337.

[124] BURKE E M. Citizen participation strategies[J]. Journal of the American Institute of Planners,1968(5):287 −294.

[125] ARNSTEIN S R. A ladder of citizen participation [J]. Journal of the American Institute of Planners,1969(4):216 −224.

[126] LIPSKY M. Protest as a political resource[J]. American Political Science Review,1968(4):1144 −1158.

[127] DEL SESTO S L, EBBIN S, KASPER R. Citizen groups and the nuclear power controversy: uses of scientific and technological information [J]. Technology and Culture,1976(2):401 −415.

[128] JACKSON L S. Contemporary public involvement: toward a strategic

approach[J]. Local Environment,2001(2):135 – 147.

[129]MAZUR A. The journalists and technology: reporting about love canal and three mile island[J]. Minerva,1984(1):45 – 66.

[130]SOLOMON B D. High-level radioactive waste management in the USA[J]. Journal of Risk Research,2009(7 – 8):1009 – 1024.

[131] PERROW C. Normal accidents: living with high-risk technologies [M]. Princeton: Princeton University Press,1999.

[132] KASPERSON R E. Worker participation in protection: the swedish alternative [J]. Environment: Science and Policy for Sustainable Development,1983(4):13 – 43.

[133] KASPERSON R E. Six propositions on public participation and their relevance for risk communication[J]. Risk Analysis,1986(3):275 – 281.

[134]VERBA S, NIE N H. Participation in America: political democracy and social equality[M]. Chicago: University of Chicago Press, 1991.

[135] ROSENER J B. A cafeteria of techniques and critiques [J]. Public Management,1975(12):16 – 19.

[136] CHECKOWAY B. The politics of public hearings [J]. The Journal of Applied Behavioral Science,1981(4):566 – 582.

[137] RICKARD L N. Pragmatic and (or) constitutive? On the foundations of contemporary risk communication research [J]. Risk Analysis, 2021 (3): 466 – 479.

[138]PALENCHAR M J, HEATH R L. Another part of the risk communication model: analysis of communication processes and message content [J]. Journal of Public Relations Research,2002(2):127 – 158.

[139]SELLNOW T, SELLNOW D. The instructional dynamic of risk and crisis communication: distinguishing instructional messages from dialogue [J]. Review of Communication,2010(2):112 – 126.

[140] JOHANSSON B, LANE D R, SELLNOW D D, et al. No heat, no electricity, no water, oh no! An IDEA model experiment in instructional risk

communication[J]. Journal of Risk Research,2021(12):1576 – 1588.

[141]PAGE T G. The reputational benefits of instructing information: the first test of the revised model of reputation repair[J]. Public Relations Review,2022 (5):102 – 126.

[142]MILETI D S, PEEK L. The social psychology of public response to warnings of a nuclear power plant accident[J]. Journal of Hazardous Materials,2000 (2 – 3):181 – 194.

[143]MCINTYRE J J, SPENCE P R, LACHLAN K A. Media use and gender differences in negative psychological responses to a shooting on a university campus[J]. Journal of School Violence,2011(3):299 – 313.

[144]BUCCHI M, TRENCH B. Routledge handbook of public communication of science and technology[M]. New York: Routledge,2021.

[145]WILLIAMS D E, OLANIRAN B A. Expanding the crisis planning function: introducing elements of risk communication to crisis communication practice [J]. Public Relations Review,1998(3):387 – 400.

[146]HEATH R L, ABEL D D. Types of knowledge as predictors of company support: the role of information in risk communication[J]. Journal of Public Relations Research,1996(1):35 – 55.

[147]JOHNSTON K A, LANE A B. Communication with intent: a typology of communicative interaction in engagement[J]. Public Relations Review,2021 (1):1 – 9.

[148]LIU B F, XU S, RHYS LIM J, et al. How publics' active and passive communicative behaviors affect their tornado responses: an integration of STOPS and SMCC[J]. Public Relations Review,2019(4):1 – 13.

[149]JIN Y, AUSTIN L, VIJAYKUMAR S, et al. Communicating about infectious disease threats: insights from public health information officers[J]. Public Relations Review,2019(1):167 – 177.

[150]CHENG Y. The social-mediated crisis communication research: revisiting dialogue between organizations and publics in crises of China[J]. Public

Relations Review,2020(1):101769.

[151]BUCCHI M, TRENCH B. Routledge handbook of public communication of science and technology [M]. New York: Routledge, Taylor & Francis Group,2014.

[152]TAYLOR M. Reconceptualizing public relations in an engaged society[M]// JOHNSTON K A, TAYLOR M. The Handbook of Communication Engagement, 1st ed. New York:Wiley,2018:103 – 114.

[153] ANTHONY K E, COWDEN-HODGSON K R, DAN O'HAIR H, et al. Complexities in communication and collaboration in the hurricane warning system[J]. Communication Studies,2014(5):468 –483.

[154]HEATH R L. How fully functioning is communication engagement if society does not benefit? [M]// JOHNSTON K A, TAYLOR M. The Handbook of Communication Engagement, 1st ed. New York:Wiley,2018:33 –47.

[155]SELLNOW D D, SELLNOW T L. The IDEA model for effective instructional risk and crisis communication by emergency managers and other key spokespersons[J]. Journal of Emergency Management,2019(1):67 –78.

[156]FRISBY B N, VEIL S R, SELLNOW T L. Instructional messages during health-related crises: essential content for self-protection [J]. Health Communication,2014(4):347 –354.

[157]SELLNOW T L, PARKER J S, SELLNOW D D, et al. Improving biosecurity through instructional crisis communication: lessons learned from the PEDV outbreak[J]. Journal of Applied Communications,2017(4):1 –16.

[158] SELLNOW-RICHMOND D, GEORGE A, SELLNOW D. An IDEA model analysis of instructional risk communication in the time of Ebola[J]. Journal of International Crisis and Risk Communication Research,2018(1):135 – 166.

[159]EDWARDS A L, SELLNOW T L, SELLNOW D D, et al. Communities of practice as purveyors of instructional communication during crises [J]. Communication Education,2021(1):49 –70.

[160] LISKA C, PETRUN E L, SELLNOW T L, et al. Chaos theory, self-organization, and industrial accidents: crisis communication in the kingston coal ash spill[J]. Southern Communication Journal,2012(3):180-197.

[161] SELLNOW D D, LANE D, LITTLEFIELD R S, et al. A receiver-based approach to effective instructional crisis communication [J]. Journal of Contingencies and Crisis Management,2015(3):149-158.

[162] WRENCH J S. The influence of perceived risk knowledge on risk communication[J]. Communication Research Reports,2007(1):63-70.

[163] LINDELL M. North american cities at risk: household responses to environmental hazards[M]//JOFFE H, ROSSETTO T, ADAMS J. Cities at Risk: Vol.33. Dordrecht: Springer Netherlands,2013:109-130.

[164] FRISBY B N, SELLNOW D D, LANE D R, et al. Instruction in crisis situations: targeting learning preferences and self-efficacy [J]. Risk Management,2013(4):250-271.

[165] SELLNOW T L, SELLNOW D D, LANE D R, et al. The value of instructional communication in crisis situations: restoring order to chaos[J]. Risk Analysis,2012(4):633-643.

[166] WICKLINE M, SELLNOW T L. Expanding the concept of significant choice through consideration of health literacy during crises[J]. Health Promotion Practice,2013(6):809-815.

[167] SLOVIC P. The feeling of risk: new perspectives on risk perception[M]. London: Earthscan,2010.

[168] SELLNOW D D, SELLNOW T L. Instructional principles, risk communication [M] // Encyclopedia of health communication. Thousand Oaks: Sage,2014.

[169] LANE A, KENT M L. Dialogic engagement [M] // JOHNSTON K A, TAYLOR M. The Handbook of Communication Engagement, 1st ed. New York:Wiley, 2018: 61-72.

[170] WOOD M M, MILETI D S, BEAN H, et al. Milling and public warnings

［J］. Environment and Behavior, 2018(5): 535 – 566.

［171］SEEGER M W, SELLNOW T L. Communication in times of trouble: best practices for crisis and emergency risk communication［M］. Hoboken: Wiley-Blackwell, 2019.

［172］JOHNSTON K A. Toward a theory of social engagement［M］// JOHNSTON K A, TAYLOR M. The Handbook of Communication Engagement, 1st ed. New York: Wiley, 2018: 17 – 32.

［173］KERLINGER F N, LEE H B. Foundations of behavioral research［M］. Fort Worth: Harcourt College Publishers, 2000.

［174］SEEGER M W. Best practices in crisis communication: an expert panel process［J］. Journal of Applied Communication Research, 2006(3): 232 – 244.

［175］LITTLEFIELD R S, BEAUCHAMP K, LANE D, et al. Instructional crisis communication: connecting ethnicity and sex in the assessment of receiver-oriented message effectiveness［J］. Journal of Management and Strategy, 2014 (3): 16.

［176］SELLNOW D D, JOHANSSON B, SELLNOW T L, et al. Toward a global understanding of the effects of the IDEA model for designing instructional risk and crisis messages: a food contamination experiment in Sweden［J］. Journal of Contingencies and Crisis Management, 2019(2): 102 – 115.

［177］GRUBER T R. Toward principles for the design of ontologies used for knowledge sharing? ［J］. International Journal of Human-Computer Studies, 1995(5): 907 – 928.

［178］GUARINO N. Formal ontology in information systems: proceedings of the first international conference (FOIS'98), june 6 – 8, trento, Italy［M］. Amsterdam: IOS-Press, 1998.

［179］FUCHS S, KEILER M, SOKRATOV S, et al. Spatiotemporal dynamics: the need for an innovative approach in mountain hazard risk management［J］. Natural Hazards, 2013(3): 1217 – 1241.

[180]NEISSER F M. "Riskscapes" and risk management-review and synthesis of an actor-network theory approach[J]. Risk Management,2014(2):88 – 120.

[181]WEBB S A. Social work in a risk society[M]//CREE V E, MCCULLOCH T. Social Work, 2nd ed. London: Routledge,2023:74 – 78.

[182]PLAPP T. Wahrnehmung von risiken aus naturkatastrophen: eine empirische untersuchung in sechs gefährdeten gebieten süd- und westdeutschlands[M]. Karlsruhe: VVW, Verl. Versicherungswirtschaft,2004.

[183]STEEB N, RICKENMANN D, BADOUX A, et al. Large wood recruitment processes and transported volumes in Swiss mountain streams during the extreme flood of august 2005[J]. Geomorphology,2017,279:112 – 127.

[184]ROMANESCU G, CIMPIANU C I, MIHU-PINTILIE A, et al. Historic flood events in NE Romania (post—1990)[J]. Journal of Maps,2017,13(2): 787 – 798.

[185] SIMPSON T W, POPLINSKI J D, KOCH P N, et al. Metamodels for computer-based engineering design: survey and recommendations [J]. Engineering with Computers,2001(2):129 – 150.

[186]MONTERO-MAYORGA J, QUERAL C, GONZALEZ-CADELO J. Effects of delayed RCP trip during SBLOCA in PWR[J]. Annals of Nuclear Energy, 2014,63:107 – 125.

[187] MARSEGUERRA M, ZIO E. Monte Carlo approach to PSA for dynamic process systems[J]. Reliability Engineering & System Safety, 1996(3): 227 – 241.

[188]ZIO E. The Monte Carlo simulation method for system reliability and risk analysis[M]. London: Springer London,2013.

[189]ROBERT C P, CASELLA G. Monte Carlo statistical methods[M]. New York: Springer New York,2004.

[190]AU S K, BECK J L. Subset simulation and its application to seismic risk based on dynamic analysis[J]. Journal of Engineering Mechanics,2003(8): 901 – 917.

[191] MANDELLI D, YILMAZ A, ALDEMIR T, et al. Scenario clustering and dynamic probabilistic risk assessment[J]. Reliability Engineering & System Safety, 2013, 115: 146 – 160.

[192] SIU N. Risk assessment for dynamic systems: an overview[J]. Reliability Engineering & System Safety, 1994(1): 43 – 73.

[193] ZIO E. Integrated deterministic and probabilistic safety assessment: concepts, challenges, research directions [J]. Nuclear Engineering and Design, 2014, 280: 413 – 419.

[194] BUCKLEW J A. Introduction to rare event simulation [M]. New York: Springer New York, 2004.

[195] VAN DER SCHAFT A, SCHUMACHER H. An introduction to hybrid dynamical systems: Vol. 251[M]. London: Springer London, 2000.

[196] LEE K, PENG H. Evaluation of automotive forward collision warning and collision avoidance algorithms [J]. Vehicle System Dynamics, 2005(10): 735 – 751.

[197] ALTHOFF M, STURSBERG O, BUSS M. Safety assessment of autonomous cars using verification techniques[C] // 2007 American Control Conference. New York: IEEE, 2007: 4154 – 4159.

[198] ZIO E. Challenges in the vulnerability and risk analysis of critical infrastructures[J]. Reliability Engineering & System Safety, 2016, 152: 137 – 150.

[199] BJERGA T, AVEN T. Some perspectives on risk management: a security case study from the oil and gas industry[J]. Proceedings of the Institution of Mechanical Engineers, Part O: Journal of Risk and Reliability, 2016(5): 512 – 520.

[200] PAPAZOGLOU I A, ANEZIRIS O, BELLAMY L, et al. Uncertainty assessment in the quantification of risk rates of occupational accidents[J]. Risk Analysis, 2015(8): 1536 – 1561.

[201] JACKSON S. System resilience: capabilities, culture and infrastructure[J].

INCOSE International Symposium, 2007(1):885 - 899.

[202] CERULLO V, CERULLO M J. Business continuity planning: a comprehensive approach[J]. Information Systems Management, 2004(3): 70 - 78.

[203] BOEHMER W, BRANDT C, GROOTE J F. Evaluation of a business continuity plan using process algebra and modal logic[C] // 2009 IEEE Toronto International Conference Science and Technology for Humanity (TIC-STH). Toronto, ON, Canada: IEEE, 2009: 147 - 152.

[204] ASNAR Y, GIORGINI P. Analyzing business continuity through a multi-layers model[M] // DUMAS M, REICHERT M, SHAN M C. Business Process Management: Vol. 5240. Berlin, Heidelberg: Springer Berlin Heidelberg, 2008: 212 - 227.

[205] ZENG Z, ZIO E. An integrated modeling framework for quantitative business continuity assessment[J]. Process Safety and Environmental Protection, 2017, 106: 76 - 88.

[206] PURSIAINEN C. The challenges for european critical infrastructure protection[J]. Journal of European Integration, 2009(6): 721 - 739.

[207] CIMELLARO G P, REINHORN A M, BRUNEAU M. Framework for analytical quantification of disaster resilience[J]. Engineering Structures, 2010(11): 3639 - 3649.

[208] HENRY D, EMMANUEL RAMIREZ-MARQUEZ J. Generic metrics and quantitative approaches for system resilience as a function of time[J]. Reliability Engineering & System Safety, 2012, 99: 114 - 122.

[209] OUYANG M, DUEÑAS-OSORIO L, MIN X. A three-stage resilience analysis framework for urban infrastructure systems[J]. Structural Safety, 2012, 36 - 37: 23 - 31.

[210] HAIMES Y Y. On the definition of resilience in systems[J]. Risk Analysis, 2009(4): 498 - 501.

[211] FERRARIO E, ZIO E. Goal tree success tree-dynamic master logic diagram

and Monte Carlo simulation for the safety and resilience assessment of a multistate system of systems[J]. Engineering Structures, 2014, 59: 411 – 433.

[212]ÇAĞNAN Z, DAVIDSON R A, GUIKEMA S D. Post-earthquake restoration planning for los angeles electric power[J]. Earthquake Spectra, 2006(3): 589 – 608.

[213]DENG Y, LI Q, LU Y. A research on subway physical vulnerability based on network theory and FMECA[J]. Safety Science, 2015, 80: 127 – 134.

[214] CUPAC V, LIZIER J T, PROKOPENKO M. Comparing dynamics of cascading failures between network-centric and power flow models [J]. International Journal of Electrical Power & Energy Systems, 2013, 49: 369 – 379.

[215] YADAV V, AGARWAL V, GRIBOK A V, et al. Dynamic PRA with component aging and degradation modeled utilizing plant risk monitoring data: INL/CON-17-41789-Rev000[R]. Idaho National Lab. (INL), Idaho Falls, ID (United States), 2017.

[216]KALANTARNIA M, KHAN F, HAWBOLDT K. Dynamic risk assessment using failure assessment and Bayesian theory[J]. Journal of Loss Prevention in the Process Industries, 2009(5): 600 – 606.

[217]ZADAKBAR O, IMTIAZ S, KHAN F. Dynamic risk assessment and fault detection using a multivariate technique[J]. Process Safety Progress, 2013 (4): 365 – 375.

[218]YU H, KHAN F, GARANIYA V, et al. Self-organizing map based fault diagnosis technique for non-gaussian processes[J]. Industrial & Engineering Chemistry Research, 2014(21): 8831 – 8843.

[219]COVELLO V T, MCCALLUM D B, PAVLOVA M. Principles and guidelines for improving risk communication[M] // COVELLO V T, MCCALLUM D B, PAVLOVA M T. Effective Risk Communication. Boston, MA: Springer US, 1989: 3 – 16.

[220] ROWAN K E. Why rules for risk communication are not enough: a problem-solving approach to risk communication[J]. Risk Analysis,1994(3):365 – 374.

[221] MORGAN M G, LAVE L. Ethical considerations in risk communication practice and research[J]. Risk Analysis,1990(3):355 – 358.

[222] WIEGMAN O, GUTTELING J M, CADET B. Perception of nuclear energy and coal in France and the netherlands[J]. Risk Analysis,1995(4):513 – 521.

[223] SANDMAN P M, WEINSTEIN N D, MILLER P. High risk or low: how location on a "risk ladder" affects perceived risk[J]. Risk Analysis,1994 (1):35 – 45.

[224] MORGAN BARUCH FISCHHOFF W G, BOSTROM A, LAVE L, et al. Communicating risk to the public: first, learn what people know and believe [J]. Environmental Science & Technology,1992(11):2048 – 2056.

[225] ATMAN C J, BOSTROM A, FISCHHOFF B, et al. Designing risk communications: completing and correcting mental models of hazardous processes, part I[J]. Risk Analysis,1994(5):779 – 788.